建筑工人（安装）技能培训教程

管 道 工

本书编委会 编

U0647387

中国建筑工业出版社

图书在版编目（CIP）数据

管道工/《管道工》编委会编. —北京：中国建筑工
业出版社，2017.8
建筑工人（安装）技能培训教程
ISBN 978-7-112-20877-7

Ⅰ.①管… Ⅱ.①管… Ⅲ.①管道工程-技术培
训-教材 Ⅳ.①TU81

中国版本图书馆 CIP 数据核字（2017）第 144456 号

本书包括：管道预制；建筑给水管道安装；建筑排水管道安装；卫生器具安装；自动喷水灭火系统管道及附件安装；建筑采暖系统管道及散热器安装；室内燃气管道安装；热力管道及有色金属管道安装；设备配管及管道阀门、附件和仪表安装；管道试压、冲洗与防腐等内容。

本书可供管道工现场查阅或上岗培训使用，也可作为现场编制施工组织设计和施工技术交底的蓝本，为工程设计及生产技术管理人员提供帮助，也可以作为大专院校相关专业师生的参考读物。

责任编辑：郦锁林 张 磊
责任校对：李欣慰 王雪竹

建筑工人（安装）技能培训教程
管 道 工
本书编委会 编

*

中国建筑工业出版社出版、发行（北京海淀三里河路9号）
各地新华书店、建筑书店经销
霸州市顺浩图文科技发展有限公司制版
环球东方（北京）印务有限公司印刷

*

开本：850×1168 毫米 1/32 印张：7¾ 字数：207 千字
2017 年 10 月第一版 2017 年 10 月第一次印刷
定价：**18.00** 元
ISBN 978-7-112-20877-7
(30523)

本书编委会

主编：冷玑蠡　张会宾

编委：姜学成　齐兆武　周大伟　王　彬　王继红

　　　王立春　王景怀　王景文　周丽丽　祝海龙

　　　祝教纯

前　　言

随着社会的发展、科技的进步、人员构成的变化、产业结构的调整以及社会分工的细化，工程建设新技术、新工艺、新材料、新设备，不断应用于实际工程中，我国先后对建筑材料、建筑结构设计、建筑施工技术、建筑施工质量验收等标准进行了全面的修订，并陆续颁布实施。

在改革开放的新阶段，国家倡导"城镇化"的进程方兴未艾，大批的新生力量不断加入工程建设领域。目前，我国建筑业从业人员多达 4100 万，其中有素质、有技能的操作人员比例很低，为了全面提高技术工人的职业能力，完善自身知识结构，熟练掌握新技能，适应新形势、解决新问题，2016 年 10 月 1 日实施的行业标准《建筑工程安装职业技能标准》JGJ/T 306－2016 对管道工的职业技能提出了新的目标、新的要求。

熟悉和掌握管道工的基本操作技能，成为从业人员上岗培训或自主学习的迫切需求。活跃在施工现场一线的技术工人，有干劲、有热情、缺知识、缺技能，其专业素质、岗位技能水平的高低，直接影响工程项目的质量、工期、成本、安全等各个环节，为了使管道工能在短时间内学到并掌握所需的岗位技能，我们组织编写了本书。

限于学识和实践经验，加之时间仓促，书中如有疏漏、不妥之处，恳请读者批评指正。

目　　录

1 管道预制

1.1 管道量尺和下料

1.1.1 管道量尺

管道在轴线方向的有效长度称为管段的安装长度，其展开长度称为管段的加工长度（也称下料长度）。当管段为直管时，加工长度等于安装长度；如管段中有弯时，其加工长度等于管段展开后的长度。

管段的量尺主要是确定两管件的中心距离，得到待安装管段的构造长度，进而确定该管段的加工长度。

实践中一般先按施工图管道的编号及各部件的位置和标高，计算出各管段的构造长度（计算值）。然后现场实测各管段的构造长度（实测值）并综合考虑不同管段的弯管展开长度、各种管件结构尺寸、管件与管段的连接尺寸（插入深度）、不同接口形式、加工裕量以及工程成本、施工进度、施工质量等因素，综合优化得到构造长度（修正值）。根据构造长度的计算值、实测值和修正值的结果绘制出加工安装草图，标出管段的编号与构造长度（加工值）。

弯管展开长度的计算，有成熟的计算公式，有需要的读者请查阅相关资料。

目前，国内已有相关管段下料计算软件用于工程实践。

1.1.2 常用的下料方法

传统的金属管段下料方法一般有计算下料方法和比量法下

料。塑料管、复合管的下料也可参考。

1. 计算下料方法

螺纹连接下料长度：管道的下料加工长度应符合安装长度的要求，当管段为直管时，加工长度等于构造长度减去两端管件长的一半再加上内螺纹的长度。

铸铁管下料长度：铸铁管多为承插式连接，计算时同样量出管段的构造长度，并且按相关资料查出各种管件的有关尺寸。

2. 比量法下料

螺纹连接的比量法：先在管道一端拧紧安装前方的管件，用连接后方的管件比量，使其与前方管件的中心距离等于构造长度，从管件边缘按拧进深度在直管（或弯管）上划出切割线，再经切断、套丝后即可安装。

铸铁管的比量法：铸铁管的比量，一般在地上将前后两管件中心距离为构造长度，再将一根管放在两管件旁，使管道承口处于前方管件插口的插入深度，在管道另一端量出管件承口的插入深度处，划出切割线，经切断后即可打口预制或安装。

1.2　管道切割方法

在管道安装过程中，经常要结合现场的条件，对管道进行切断加工。常用的切割方法有手工切割、机械切割、气割、爆破切割多种方法。

1.2.1　机械切割

机械切割又分锯割、刀割、磨割、机床切割、等离子切割等，常用的机械有液压切管机、等离子切管机、挤压式铡管机等。

1. 液压切管机的使用

（1）使用的线路电压应符合铭牌上规定的电压。

2

（2）管道切割时，其两端应用支架进行支撑，并与滚轮的轴线保持平行。

（3）放油阀和溢流阀开度控制在锁紧状态回 1/2～1 圈位置。安全阀不得自行调整。

（4）关闭放油阀，放下摇臂使橡胶轮与管道接触后启动电机开关，同时操作油泵加压，带动管道旋转。

（5）当切割片开始工作时，必须控制油泵的工作压力，操作杆缓慢下压，凡遇转速异常降低或机器运转而管道不转时，必须立即切断电源开关，停止油泵工作，并稍开放油阀，观察机器运转状况，正常后再继续切割。

（6）切割时用力不能过猛，进刀不能过快。

（7）经常保持机具的清洁，各转动部件每工作 5h 加油，以确保运转灵活。

（8）油泵添加油必须是标准液压油，不能用其他油类替代。

（9）切割刀片不可直接用锤或其他金属敲打，橡胶轮不能与油脂类接触。

2. 等离子切割机的使用

（1）将主机的输入电源线接入相应的供电线路，并按有关用电规定安装保险装置。供电线路容量应参考产品技术参数，输入交流电压应不低于 380V，安全接地或接零必须可靠。主机外壳必须可靠接地。

（2）接通输入压缩空气。注意空气压力不低于 0.45MPa，流量不小于 300L/min。

（3）把工件用垫块垫高，空间高度不小于 100mm。

（4）切割地线夹头夹紧在工件或与工件导电良好的金属上。

（5）安装好割炬，并注意拧紧各连接螺母及接口，不得松动。

（6）水箱中加满洁净的自来水，并将水泵电源线插头插在主机后面板上对应的插座中。

（7）电源开关置于"开"的位置。向主机供气，并将"试气"，"切割"开关置于"试气"位置，试验 3min，若供气正常，将"切割""试气"开关置于"切割"位置。

（8）切割注意事项：

1）为降低能耗，提高喷嘴及电极寿命，当切割较薄工件时，尽量选择"低档"。

2）当"切厚选择"开关位于"高档"时，应采用非接触式切割（特殊情况除外），并优先选择水冷却。

3）当必须调换"切厚选择"开关"高档"或"低档"时，一定要先关断电源开关后才可操作，以防损坏机件。

4）当装拆或移动主机时，一定要先关断输入电源供电开关方可进行，以防发生危险。

5）当装拆主机上任何附件时（如割炬、切割地线、电极、喷嘴以及其他零件等）时一定要关断主机上的电源开关。

6）避免反复快速地开启割炬开关，以免损坏引弧系统或相关元件。

7）当需要从工件中间开始引弧切割时，如果工件厚度在 22mm 以下可以直接穿孔切割。如果工件厚度超过 22mm 时，需要从中间开始切割，则必须在切割起始点上钻一小孔，从小孔中引弧切割。

8）主机若连续工作时间过长而导致主机温度过高时，温度保护系统将自动关机，必须冷却 20min 左右才能继续工作。

9）当压缩空气压力低于 0.3MPa 时，设备立即处于保护关机状态，此时应检修供气系统，排除故障后，压力恢复 0.45MPa 时方能继续工作。

10）当水冷系统循环不良时，主机将处于停机保护状态。须待水压恢复正常后，水箱回水口回流顺畅，方能继续使用水冷割炬。

11）每加工 4～8h（间隔时间应视压缩空气干燥度定）应将空气过滤减压器放水螺钉拧松排放净积水，以防过多的积水进入机内或割炬内引起故障。

1.2.2　手工切割

管道的手工截断多用于小批量、小直径管道的截断。截断的方法有：手工锯切法、割管器切割法和錾切法等。

1. 手工锯切法

手工锯切法适应于截断各种直径不超过 100mm 的金属管、塑料管、胶管等。

手锯有固定式和调节式。锯条有粗、中、细三种。$DN \leqslant 40$mm 以内管道宜选用细齿锯条。锯割时应使锯条在垂直于管道中心线的平面内移动，不得歪斜，并需要经常加油润滑。

锯切时将管道夹在管道台虎钳中，将管道摆平，划好切割线，用手锯进行切割，不同的管径选用不同规格的台虎钳。

使用时，管道台虎钳一定要牢固地垂直固定在工作台上，钳口必须与工作台边缘相平或可稍往里一点，不应伸出工作台边缘。固定后，它的下钳口应牢固可靠，上钳口移动自由。管道只能装夹在符合规格的虎钳上，对过长的工件，其伸出部分必须支承稳固。对脆性或软的管件，应用布或铜皮垫在夹持部分，夹持不能过紧。工件装夹时，必须插上保险销，压紧螺杆，旋转时用力适当，不得用锤击和加装套管旋转螺杆。长期停用，应去污擦净涂油存放。

2. 割管器切割法

割管器（又称割刀），管道割刀用于切割各种金属管道。常用的是切割直径 50 以下的管道，具有操作简便、速度快、切口断面平整的优点，缺点是管道断口受挤压管径缩小。三轮式割管器，如图 1-1 所示。

可用于 $DN100$ 以内的除铸铁管、铅管外的各种金属管。共有 4 种规格：1 号割管器适用于切割 $DN15 \sim DN25$ 的管道；2 号适用于 $DN15 \sim DN50$ 的管道；3 号适用于 $DN25 \sim DN75$ 的管道；4 号适用于 $DN50 \sim DN100$ 的管道。

使用管道割刀切割时，应将割刀的刀片对准切割线，不得偏

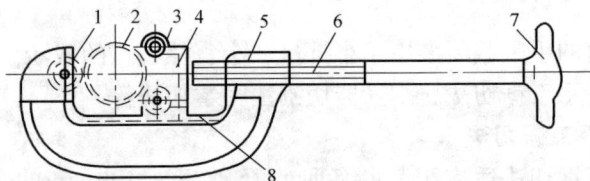

图 1-1 三轮式割管器

1—切割滚轮；2—被割管道；3—压紧滚轮；4—滑
动支座；5—螺母；6—螺杆；7—手把；8—滑道

斜。切割时不要急于求成，每转动 1～2 圈，进刀一次，每次进
刀量不可过大，以免管口受挤压使得管径变小。同时，对切口处
加油冷却润滑。当管道快要割断时，应松开割刀，取下管道割
刀，然后折断管道，不得一割到底。管道割断后，应用铰刀刮去
管口缩小部分。若切割时进刀量小，则管径收缩较小，可以用刮
刀代替铰刀刮去管口缩小部分。管道割刀用完后或长期不用，应
除净油污后涂油，妥善保管。

管割器切管，因管道受到滚刀挤压，内径略缩小，故在切割
后须用铰刀插入管口割去管口缩小部分。

3. 砂轮磨切

磨切多采用砂轮切割机进行管道切割。电动机带动砂轮高速
旋轮，以磨削的方式切割管道。根据所选用的砂轮的品种不同，
可切割金属管、合金管、陶瓷管等。

将管材放在砂轮锯卡钳上，对准、画线、卡牢、断管，比手
工锯切断效率高。断管时用力要均匀，不要用力过猛，断管后应
将管口断面的管膜、毛刺清除干净。砂轮磨切断管适用于镀锌钢
管和非镀锌钢管。

4. 錾切法切割

錾切法适用于材质较脆的管道，如铸铁管、混凝土管、陶土
管等，但不能用于性脆易裂的玻璃管、塑料管。錾子又称扁铲，

用于去除工件或金属切削后的毛刺、飞边以及分割材料，是管道工常用的工具。

鏨切法切割的管径较大，先在管道上划好切断线，并用木方将管道垫起，如图1-2所示，然后用鏨子按着切断线把整个圆周凿出一定深度的沟槽。鏨切后，一面鏨切，一面转动管道。鏨子的打击方向要垂直通过管道面的中心线，不能偏斜，然后用鏨子将管道楔断。

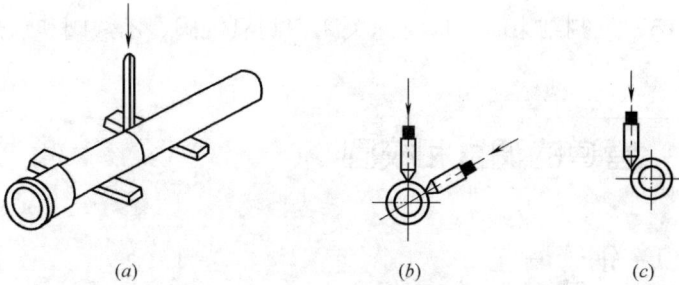

图 1-2　鏨切铸铁管
(*a*) 操作位置；(*b*) 鏨子正确位置；(*c*) 鏨子的错误位置

鏨切大口径铸铁管是由两人操作，一人手握长柄钳固定鏨子，一人抡锤击打鏨子切管。鏨切钢筋混凝土管时，露出的钢筋要用乙炔焰切割钢筋后再鏨切。

1.2.3　气割

气割常用用氧-乙炔焰将管道加热到熔点，再由割枪嘴喷出高速纯氧而将金属管熔化割断。这种方法，宜用于 $DN100$ 以上的非镀锌钢管的切割，不宜用于合金钢管、不锈钢管、铜管、铝管和需要套螺纹的管道的切割。当用氧-乙炔焰切割合金钢管类管材后，一般需要从切割面上用机械法（车削或锯割）除去 2～4mm 的管道，以消除退火烧损部分。

用气割方法切割管道时，应注意以下几点：

（1）无论管道转动或固定，割嘴应保持垂直于管道表面，待割透后将割嘴逐渐前倾，倾斜到与割点的切线呈 $70°\sim80°$。

（2）气割固定管时，一般先从管道的下部开始。

（3）割嘴与割件表面的距离应根据预热火焰的长度和割件厚度确定，一般以焰心末端距离割件 $3\sim5mm$ 为宜。

（4）管道被割断后，应用锉刀、扁錾或手动砂轮清除切口处的氧化铁渣，使之平滑、干净；同时应使管口端面与管道中心线保持垂直。

（5）气割结束时，应迅速关闭切割氧气阀、乙炔阀和预热氧气阀。

1.3 管道的调直和校圆

1.3.1 钢管调直

一般情况下，当钢管管径 $DN>100mm$ 时，管道产生弯曲的可能性较小，也不易调直，若有弯曲部分，可将其去掉，用在其他需用弯管的地方。$DN<100mm$ 的管道可以调直，调直的方法有冷调和热调两种。

1. 冷调法

一般用于 $DN50mm$ 以下弯曲程度不大的管道。根据具体操作方法不同可分为以下两种。

（1）杠杆（扳别）调直法：将管道弯曲部位作支点，加力于施力点，如图 1-3 所示。调直时要不断变动支点部位，使弯曲管均匀调直而不变形损坏。

（2）调直台调直法：当管径较大，在 DN 在 $100mm$ 之内时，可用图 1-4 所示的调直台，按以下几种方法进行调直。

方法一：将管道放在平直架上，用锤子支承管段弯曲末端的背部，用另一把槌子在管段凸起部位由弯曲起点依次敲打调直，直至均匀调直。

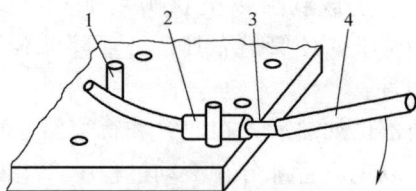

图 1-3　杠杆调直示意图

1—铁桩；2—弧形垫板；3—钢管；4—套管

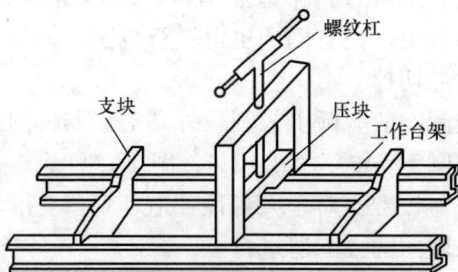

图 1-4　调直台示意图

方法二：将管道放在操作平台上，由一人观察指点，另一人用木槌在弯曲凸面处敲打，经多次翻转、矫正，直至均匀调直。

方法三：将管道弯曲部位作支点，用手施力，不断变动支点位置，直至均匀调直。

2. 热调法

当管径大于 100mm 时，冷调则不易调直，可用热调法调直，如图 1-5 所示。

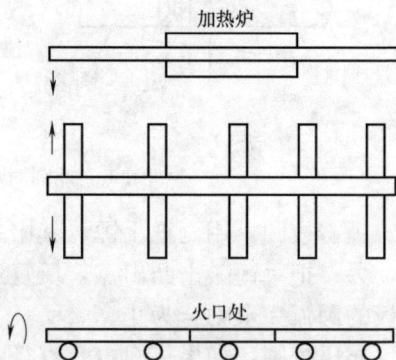

图 1-5　弯管加热滚动调直示意图

调直时先将管道放到加热至 $600 \sim 800 ℃$，呈樱桃红色，抬至平行设置的钢管上，使管道靠其自身重量（不灌砂子）在来回滚动的过程中调直。

将管段弯曲部位加热后，在弯管和直管部分的接合部在滚动前应浇水冷却，以免直管部分在滚动过程中产生变形。

1.3.2 管道的校圆

管道校圆主要用在管壁较薄、直径较大的管道上。校圆的目的是防止在安装组对过程中造成错口，以达到焊接的质量要求。对于小直径的管道，稍有椭圆也可进行校圆，如果变形过大，只能将变形过大处切掉。

管道的校圆一般有锤击校圆、外圆对口器校圆、内圆校圆器校圆、充压校圆等方式。如图 1-6、图 1-7 所示。一般管道校圆采用外圆对口器校圆，对于大管径管道，管口变形较大或有瘪口现象时，可采用内圆校圆器进行校圆。

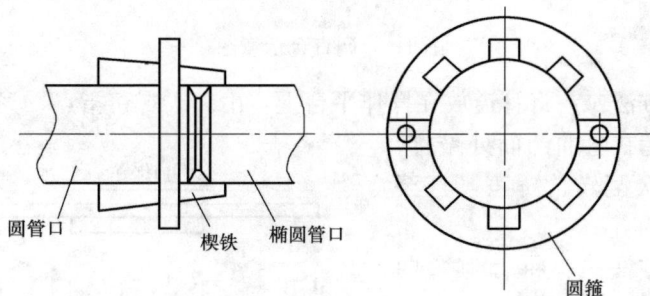

圆管口　　　　　　楔铁　　　椭圆管口

圆箍

图 1-6　外圆对口器校圆

锤击校圆：用两把手锤，其中一把抵住凹陷的边缘，作为支点，另一把手锤敲击凸出点，反复进行，直到管道内径的圆弧与样板的圆弧完全吻合为止。

充压校圆：如果一根直管直径大、壁薄，同时凹陷面积也比较大时，可充压校圆。方法是将管两端用盲板焊死，往管内充入压缩空气，使管压力慢慢升高。当管道恢复到原来形状时，立即

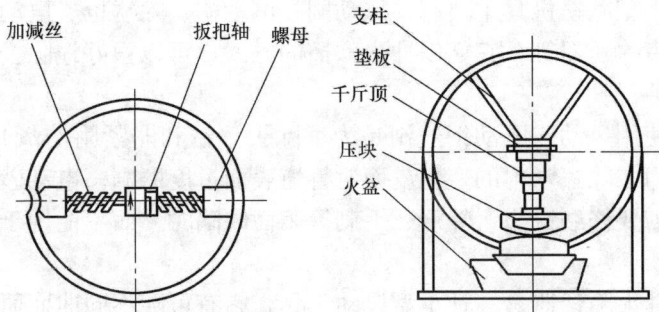

图 1-7 内圆校圆器校圆

停压。充气时不应过快，应缓慢进行，以免产生不良后果。

1.4 金属管道除锈和弯管加工

1.4.1 金属管道除锈

金属管道除锈常用手工除锈、机械除锈、喷砂除锈等方法。

1. 手工除锈

手工除锈依然是施工现场管道除锈的通用方法之一，主要使用钢丝刷、砂布、扁铲等工具，靠手工方法敲、铲、刷、磨，以除去污物、尘土、锈垢。对管道表面的浮锈和油污，也可以用有机溶剂如汽油、丙酮擦洗。

采用手工除锈时，应注意清理焊缝的焊皮及飞溅的熔渣，因为它们更具有腐蚀性。应杜绝施焊后不清理药皮就进行涂漆的错误做法。

2. 机械除锈

管道在运到现场安装以前，采用机械方法集中除锈并涂刷一层底漆是比较好的施工方法，但目前还没有定型的适用中小口径的国产管道除锈机械，施工单位使用的除锈机械多是自行设计制造的，型式多种多样。

小型除锈机具主要有：风动刷、电动刷、除锈枪、电动砂轮及针束除锈器等，它们以冲击摩擦的方式，可以很好地除去污物和锈蚀。

使用风动或电动钢丝刷是为了除去浮锈和非紧附的氧化皮，不应为了除去紧附的氧化皮而对管道表面过度磨刷。电动砂轮只用在需要修磨锐边、焊瘤、毛刺等表面缺陷时，而不能用于一般除锈。

针束除锈器是一种小型风动工具，它有可随不同曲面而自行调节的30～40个针束，适用于弯曲、狭窄、凹凸不平及角缝处，用来清除锈层、氧化皮、旧涂层及焊渣，效果较好，工作效率高。针束除锈器在工厂中使用较多，而施工现场较少使用。

3. 喷砂除锈

喷砂除锈是运用广泛的一种除锈方法，能彻底清除物体表面的锈蚀、氧化皮及各种污物，使金属形成粗糙而均匀的表面，以增加涂料的附着力。喷砂除锈又可分为干喷砂和湿喷砂两种。

（1）干喷砂：干喷砂通常使用粒径为 1～2mm 的石英砂或干净的河砂。当钢板厚度为 4～8mm 时，砂的粒径约为 1.5mm，压缩空气压力为 0.5MPa，喷射角度为 45°～60°，喷嘴与工作面的距离为 100～200mm。当钢板厚度为 1mm 时，应采用已用过 4～5 次，粒径为 0.15～0.5mm 的细河砂。

施工现场最简单的干喷砂除锈工艺流程，如图 1-8 所示。操作时一人持喷嘴，另一人将输砂胶管的末端插入砂堆，压缩空气通过喷嘴时形成的真空连续地把砂吸入喷嘴，砂与压缩空气充分混合后高速喷射到工作面上。

在固定的喷砂场所，也可采用结构比较简单的单室喷砂工艺，如图 1-9 所示。

通过进砂阀 2 将砂装入砂罐 1，然后通入压缩空气使砂罐 1 的内部压力与压缩空气的压力相平衡，打开阀门 3 与出砂旋塞 4，压缩空气即可夹带砂粒进入喷枪，进行喷砂除锈作业。

干喷砂的最大缺点是作业时砂尘飞扬，污染空气，影响周围

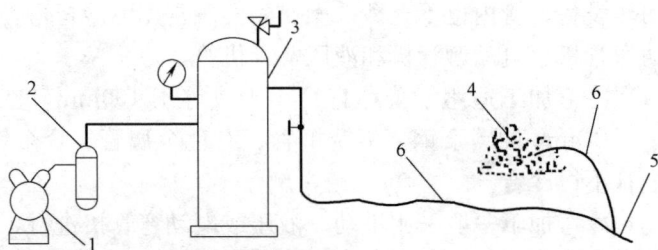

图 1-8　简易喷砂工艺流程

1—空压机；2—油水分离器；3—贮气罐；4—砂堆；5—喷枪；6—胶管

环境和操作人员的健康。因此，必须加强劳动保护，操作人员应当戴防尘口罩、防尘眼镜或特殊呼吸面具。

（2）湿喷砂：湿喷砂是将干砂与装有防锈剂的水溶液，分装在两个罐里，通过压缩空气使其混合喷出，水砂混合比可根据需要调节，砂罐的工作压力为 0.5MPa，使用粒

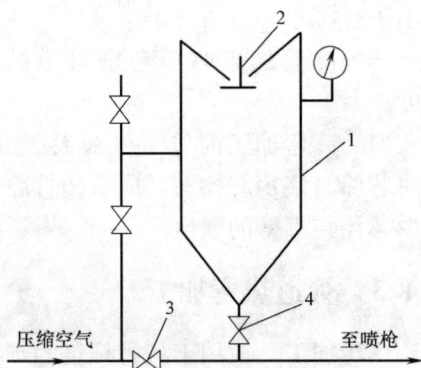

图 1-9　单室喷砂工艺流程

1—砂罐；2—进砂阀；3—阀门；4—出砂阀塞

径为 0.1～1.5mm 的建筑用中粗砂；水罐的工作压力为 0.1～0.35MPa，水中加入碳酸钠（重量为水的 1％）和少量肥皂粉，以防除锈后再次生锈。

湿喷砂尽管避免了干喷砂砂尘飞扬危害工人健康的缺点，可因其效率及质量较低，水、砂难以回收，成本较高，而且不能在气温较低的情况下施工，因而在施工现场应用较少。

1.4.2　管道冷弯加工

管道冷弯是指在常温下依靠机具对管道进行煨弯。优点是不

需要加热设备，管内也不充砂，操作简便。常用的冷弯弯管设备有手动弯管机、电动弯管机和液压弯管机等。

（1）冷弯加工适用于公称直径小于或等于 100mm，且管壁厚度小于 10mm 的碳素钢、不锈钢管、有色金属管、合金钢管，铅合金管不得冷弯。

（2）冷弯加工一般采用手动、液压或电动弯管机进行，手动弯管器可以弯制公称直径不超过 25mm 的管道，电动弯管机可用来弯制公称直径不大于 250mm 的弯管；当弯制大直径、厚壁管件时，宜采用中频弯管机。当使用液压弯管机时管道公称直径宜小于或等于 50mm。

（3）冷弯加工时应考虑管道的回弹，增加 3°～5°的回弹角度。

（4）冷弯加工时管道外径大于 60mm 时，必须在管内放置弯曲芯棒。使用芯棒前，应清扫管腔，并在管内涂少许机油，以减少芯棒与管壁的摩擦。

1.4.3　管道热弯加工

热弯加工，适用于各种规格的碳素钢管、合金钢管、有色金属管、非金属管，热弯加工可采用机械热弯和手工充砂热弯两种。

加热方法可采取中频加热、用焦炭或重柴油在地炉子上加热、氧-乙炔火焰加热及煤气或天然气加热方法。中频加热和氧乙炔加热弯管适用于钢管直径 76～426mm，壁厚 4.5～20mm。加热时，管内不应充砂。铅管加热制作弯管时不得充砂。壁厚大于 19mm 的碳素钢管弯管制作时的温度应自始至终保持在 900℃以上，否则制作弯管后，应进行热处理。

1. 机械热弯

加热至适宜温度的管段，可采用电动弯管机或液压弯管机进行弯制。

14

2. 手工充砂热弯

（1）根据弯曲角度计算弯曲长度，确定管道尺寸然后下料，从起弯点算起。

（2）可以用白漆在管道上做出明显记号，也可以用细铁丝围扎作标识，小口径管道采用氧-乙炔加热时也可以用石笔划线。

（3）管内充填砂子，其操作要求如下：

1）选用的砂子应是耐热性能良好的海砂或河砂，砂内不得含有泥土、杂质和可燃物。

2）填充前对应对砂子进行筛选、烘干。

3）砂子粒径应根据不同管径选用，公称直径小于等于150mm的管道，可选用粒径3～4mm砂占75％，2mm砂占25％的砂子；公称直径大于150mm的管道，可选用粒径5～6mm和7mm各占50％的砂子。

4）管道装砂应直立进行，边装边振捣，用锤敲打时，锤头应平击，严禁有锤击印，每装1m，振捣一次，直至振捣结实。

5）不锈钢管或有色金属管装砂时，必须用木槌或铜锤敲打，严禁用铁锤敲打。

6）管道填砂捣实后，用4～6mm钢板封堵，公称直径小于100mm的管道，可用长度为1.5倍管直径，斜度为1：25的圆木封堵。

（4）地炉进行加热时应按下列规定操作：

1）弯管前必须将工具准备充分，如铸铁平台或混凝土平台、加热炉、吊装夹具、弯管样板、卷扬机、锚、桩等。

2）所用燃料如焦炭或重油应备足。安全措施及保护用品落实。

3）加热过程中，须注意加热情况并及时翻动管道，使之受热均匀，掌握好加热时间。一般碳素钢管控制在950～1000℃，最高温度不得超过1050℃，当管道加热至1000℃时（橙黄色），即可停止加热，取管进行弯管工作，取管至弯管平台时动作应迅速。

（5）管道弯曲应按以下步骤进行：

1）弯管前将烧红的管道一头，稳在弯管平台的两个固定销之间，扳动管道自由端进行弯曲。

2）弯管前碳素钢管弯曲段两端应浇水冷却，弯管不能太快，由专人掌握样板，随时检查，当某弯管段符合要求时应立即浇冷水冷却，当管道降至750℃（略红色）时，应停止弯管，重新加热后再弯。

3）为了能使弯曲度符合要求，弯管量可多弯3°~4°以补偿弯头冷却后的回弹量。

4）弯管冷却后，外表面应刷机油一遍。

（6）在弯管过程中，牵引管道的绳索应与活动端管道轴线相垂直。如发现管道椭圆度过大、有鼓包或出现较大折皱，应停止弯曲，用锤子修整。

（7）在搬运管道过程中，要防止产生变形。如若产生变形，应将管道调直后再弯制。

（8）管道冷却后，即可将管内的砂子清除，砂子倒完后，再用钢丝刷和压缩空气将管内壁粘附的砂粒清掉。

1.5　常见管件的展开放样和下料制作

1.5.1　焊接弯头制作

1. 一般规定

（1）管道焊接弯头的使用应符合设计规定，一般设计压力小于2.5MPa，温度小于300℃。

（2）管道焊接弯头的组成形式应按设计要求确定，设计无要求可按图1-10的规定选用，其最少组成节数如表1-1所示，常用弯曲半径为1.0~1.5倍管道工程直径，公称直径大于400mm的管道可增加中间节数。但内侧最小宽度不得小于150mm。

（3）焊接弯管使用在应力较大的位置时，弯管中心不应放置环焊缝。

（4）弯管两端节应从弯曲起点向外加长，增加的长度应大于钢管外径，且不得小于150mm。

（5）公称直径大于400mm的弯头应采用双面焊工艺，公称直径小于或等于400mm的弯头内侧的焊缝根部应进行封底焊。

（6）管道安装时在钢管上直接制作焊接弯管时，端部的一节应留在与弯管相连的直管段上。

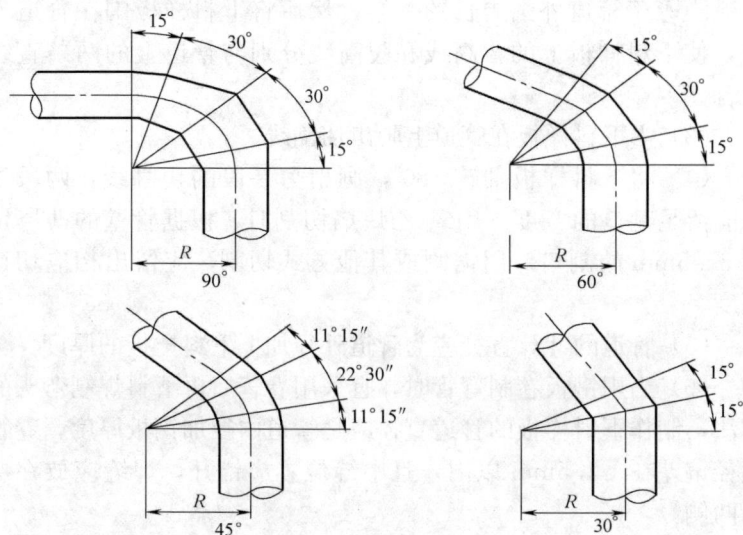

图1-10 焊接弯头

焊接弯头最少节数   表1-1

弯头角度(°)	节数	其中	
		中间节	端节
90	4	2	2
60	3	1	2
45	3	1	2
30	2	0	2

2. 制作方法和要求

对于不同弯曲半径，不同节数，不同角度的焊接弯头应通过放样得到弯头的下料尺寸，先画出样板，样板应进行校核。制作方法和要求如下：

（1）公称直径小于 400mm 的焊接弯头，可用无缝钢管或有缝钢管制作。

（2）下料时先在管道上沿轴线划两条直线，使这两条直线间弧距等于管道外圆周长的一半，然后将下料样板围在管道外面，使下料样板上的背高线和腹高线分别与管道上的两条直线重合。

（3）沿下料样板在管道上画出切割线。

（4）将下料样板翻转 180°，画出另一段的切割线，两段之间应留足割口的宽度。用氧-乙炔焰切割时，根据管壁的薄厚留出 3～5mm 的割口，用锯割或其他方式切割，应留出相应切口宽度。

（5）管道的计算直径应为管道外径加上下料样板的厚度。

（6）当用钢板卷制弯管时，宜采用卷管后再下料焊制弯头的方法，制作下料样板的管道直径应是管道内径加钢板厚度，卷管直径偏差在±1.5mm 以内，且中缝位置应错开，焊缝应放在弯管两侧。

（7）焊接弯管各段在焊接前要开坡口，其坡口斜度在弯头背上为 20°～25°，两侧为 30°～35°，弯头内侧为 40°～45°，拼焊间隙为 2～3mm，严禁因缝隙过大，而将管壁敲薄延长或将圆钢嵌入缝隙后焊接。

（8）焊接弯管在组对时，应将各管节的中心线对准，定位焊先焊两侧两点，将角度调整正确后点焊 4～6 处。90°直角管定位焊时，应将角度放大 1°～2°，以便焊接收缩后得到准确的弯曲角度。

（9）全部组对定位焊完毕、角度符合要求后，才可进行其余焊接。

1.5.2　三通制作

（1）制作前，先做出样板，经校验后用样板在管道上划线切割。

（2）制作三通时，开孔的主管，应选择带正公差的管道，管道内外表面不得有裂纹、结疤、撕裂、分层、折叠等缺陷。

（3）在主管上开孔时，位置要准确，切口的边缘距管端不得小于100mm。在确定位置画出十字中心线、样板上的中心线应与所画十字中心线对齐。

（4）若支管直径小于主管直径的1/3时，要以支管外径为依据，进行三通放样；若支管直径大于主管直径的1/3时，要以支管内径为依据，进行三通放样。

（5）正三通组对，如图1-11所示，支管要全部坡口，坡口角度在角焊处为45°，对焊处为30°，角焊到对焊之间坡口角度逐渐缩小均匀过渡。主管上开的孔在角焊处不开坡口，但在向对焊处伸展的中心点处开始坡口，对焊处为30°。

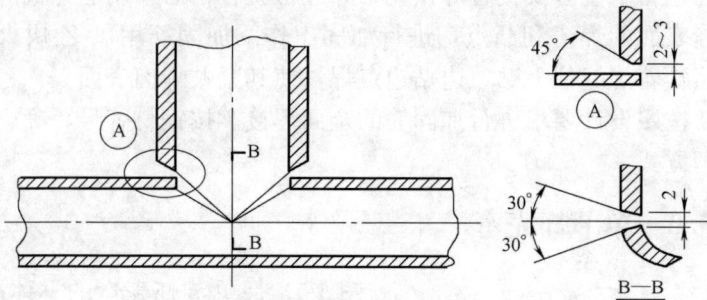

图1-11　正三通组对

（6）异径正三通组对，如图1-12所示。支管应进行坡口，若支管孔径是主管的1/3以下时，可将其支管插入主管孔内，主管孔要进行坡口。但支管管端应与主管内壁相平。

（7）斜三通组对时，主管孔和支管都应坡口，坡口应根据夹角的大小和开孔大小灵活掌握，一般加工成对接焊的形式，应留

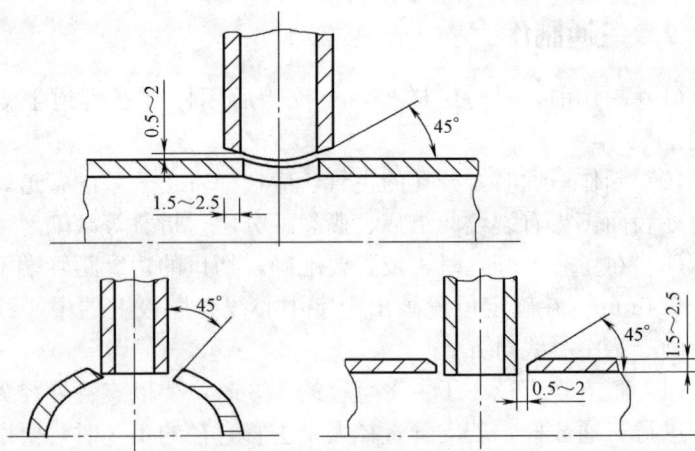

图 1-12　异径正三通组对

出足够的间隙，以满足焊接要求。

（8）主管开孔后应及时清理氧化铁渣，内孔周应磨削圆滑。

（9）需进行补强的焊接三通，加固用料宜采用与主管相同牌号的钢材。主管及支管焊接完毕并经检验合格后，用磨光机清除焊缝表面的焊渣和凸点，进行加固工作。加固筋用氧-乙炔火焰加热顺着焊缝往上贴，边贴边点焊，使其紧贴焊肉表面。

按照设计要求进行加固筋的全面焊接。按钢材牌号，确定热处理方式。

1.5.3　单节虾壳弯

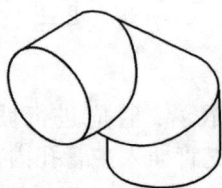

图 1-13　单节
虾壳弯立体图

图 1-13 是单节虾壳弯的立体图。单节虾壳弯的一个中节，二个端节在划线 F 料时，可在现成的直圆管上进行，如图 1-14（a）所示，把中节按水平转 180°，再上下各拼上一个端节，这样就成了单节虾壳弯，如图 1-14（b）所示。

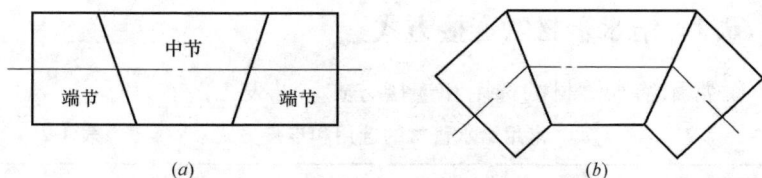

图 1-14　单节虾壳弯的主视图和下料图

1.5.4　异径管制作

（1）异径管可采用摔制和钢板卷制的方法制作。对于直径在 100mm 以下的管道，当直径差只有一档规格时，可采用将管道加热摔打缩制异径管。

（2）采用摔制法制作异径管时应符合下列要求：

1）管道加热温度为 800～950℃。

2）同心异径管时，边捶击边转动管道，管径由大变小，管面圆弧均匀过渡。

3）变径过渡部分的长度一般不小于管道外径，摔制异径管长度应大于直径差的 2.5 倍。

4）摔制时管端成加工平整，不得有过烧现象。

（3）异径管制作前应根据口径和长度进行放样，用与管道同材质的钢板卷制而成。

（4）采用钢板卷制法制作异径管时应符合下列质量标准：异径管最大外径和最小外径之比不得大于各端直径的 1%，且不得大于 5mm；同心异径管的两端中心线应重合，其偏心值不得大于大端外径的 1%，且不大于 5mm。

1.6　管道的连接方式

常用的管道连接有螺纹连接、法兰连接、焊接连接、承插连接、胶粘连接、沟槽式连接、卡套式连接以及热熔连接、电熔连接等多种，各种连接的具体操作详见本书相关内容。

1.6.1 给水管材的连接方式

常用给水管材的选用和连接方式，见表 1-2。

常用给水管材的选用和连接方式   表 1-2

敷设方式	管径(mm)	管材	连接方式
		生活给水管、生产给水管、中水给水管	
明装或暗设	$DN \leqslant 100$	铝塑复合管	卡套式连接
		钢塑复合钢管	螺纹连接、沟槽或法兰连接
		给水硬聚氯乙烯管	密封圈柔性连接、胶粘连接
		聚丙烯管(PPR)	热熔、电熔、法兰式连接
		给水铜管	钎焊、卡套、卡压、法兰、沟槽式连接
		薄壁不锈钢管	焊接连接、卡压式、环压式、双卡压式、内插卡压式连接
		镀锌焊接钢管、焊接钢管	螺纹连接、卡压式连接或环压式连接
	$DN > 100$	镀锌焊接钢管、焊接钢管	沟槽式或法兰连接(宜采用螺纹法兰)
		薄壁不锈钢管	焊接连接、卡凸式、沟槽式、卡箍式或法兰连接
		钢塑复合钢管	沟槽式或法兰连接
		给水硬聚氯乙烯管	密封圈连接、胶粘连接
		给水铜管	焊接或卡套式连接
埋地	$DN < 75$	热镀锌钢管	螺纹连接
		给水硬聚氯乙烯管	密封圈连接、胶粘连接
		聚丙烯管(PPR)	热熔、电熔连接
	$DN \geqslant 75$	给水球墨铸铁管	刚性连接、承插式柔性(胶圈)连接、承插式柔性(机械)连接，也可采用法兰连接
		给水硬聚氯乙烯管	胶粘结口
		钢塑复合管	螺纹、法兰或沟槽连接

敷设方式	管径(mm)	管材	连接方式
饮用水管			
明装或暗设	$DN \leqslant 100$	不锈钢管	卡压、压缩式管件、焊接、法兰、卡箍法兰、沟槽式连接
		铜管	钎焊、卡套、卡压、法兰、沟槽式连接
		衬塑钢管	螺纹连接或沟槽连接
		聚丙烯管(PPR)	热熔、电熔、法兰式连接
消防给水管			
明装或暗设	$DN \leqslant 100$	焊接钢管	焊接或螺纹连接
		热镀锌钢管	螺纹连接
	$DN \geqslant 100$	焊接钢管	焊接或法兰连接
		镀锌钢管	沟槽连接
埋地或地沟	$DN \leqslant 100$	镀锌钢管	螺纹连接
	$DN \geqslant 150$	无缝钢管	法兰及焊接连接
		给水铸铁管	石棉水泥接口或橡胶圈接口
自动喷洒管			
明装或暗设	$DN \leqslant 100$	镀锌钢管	螺纹、法兰、沟槽连接
	$DN \geqslant 150$	镀锌无缝钢管	沟槽连接或法兰连接
埋地		给水铸铁管	石棉水泥接口或橡胶圈接口

1.6.2 排水管材的连接方式

（1）排水金属管道的连接方式

排水铸铁管：卡箍式柔性接口连接、法兰机械式柔性接口、K形接口连接。

碳素钢管：沟槽式连接、法兰连接。

不锈钢管：单向承插式氩弧焊连接。

（2）排水塑料管道的连接方式

硬聚氯乙烯管承插粘结连接、橡胶密封圈连接、热熔承插连接、热熔对接连接、电熔连接。

（3）排水复合管道的连接方式

沟槽式连接、法兰连接、法兰压盖连接、卡箍式连接。

1.7 管道支、吊架的制作和安装

管道支架的作用是支承管道，并限制管道的变形和垂直位移。管道吊架的作用是吊装管道，同时限制管道的变形和水平位移。它们是管道安装工程中重要的构件之一。

管道支架、吊架的种类较多，常用的管道支架按用途可分为固定支架、活动支架两大类。

常用的支、吊架有立管管卡、托架和吊环等，管卡和托架固定在墙梁柱上，吊环吊于楼板下，如图 1-15 所示，各类支架安装前应完成防腐工序。

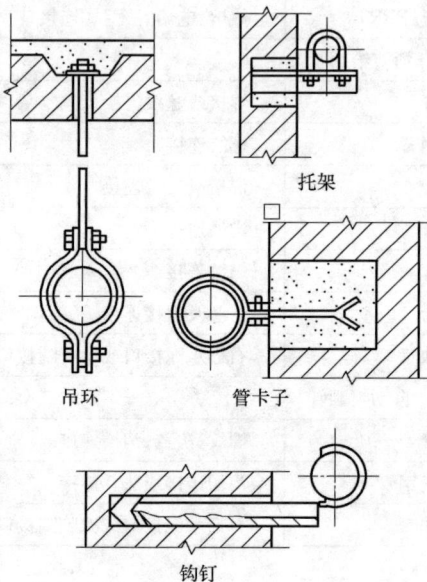

托架

吊环

管卡子

钩钉

图 1-15 常用的管道支、吊架

1.7.1 管道支、吊架的加工制作

管道支架及吊架一般均按相关国家标准图集的规格加工制作。下面简要介绍吊卡、管卡的加工制作。

1. 吊卡制作

吊卡用于吊挂管道之用，一般用扁钢或圆钢制成，形状有整圆式、合扇式等。

用扁钢制作吊卡时，各种卡子内圆必须与管道外圆相符，对口部位要留有吊杆的空位；螺栓孔必须对中且光滑圆整，螺栓孔直径比螺栓大 2～3mm 为宜。

圆铁吊卡多用于铸铁管、较大的黑铁管及无缝钢管的管道安装。下料方法与扁钢基本相同，但穿螺栓孔的部位不一样。扁钢吊卡是在扁钢上钻孔，而圆钢吊卡是用圆钢煨制螺栓圈，所以用料长度较扁钢长。

2. U 形管卡制作

U 形管卡应用很广，主要用在支架上固定管道，也在活动支架上作导向用。制作固定管卡时，卡圈必须与管道外径紧密吻合，拧紧固定螺母后，使管道牢固不动。作导向管卡用时，卡圈可比管道外径大 2mm 左右，以利导向活动。

制作 U 形管卡时，先按尺寸锯割下料，然后夹在台虎钳上，用螺丝板套好丝扣（螺纹），最后煨成 U 形，即可使用。

3. 支管管卡制作

常用的支管管卡有单支和双支两种，一般水暖器材厂有成品出售，如图 1-16 所示。单立管卡类似扁钢吊卡，一头为鱼尾形相交相对，一头劈叉埋入建筑物中，然后用螺栓将管道固定。双

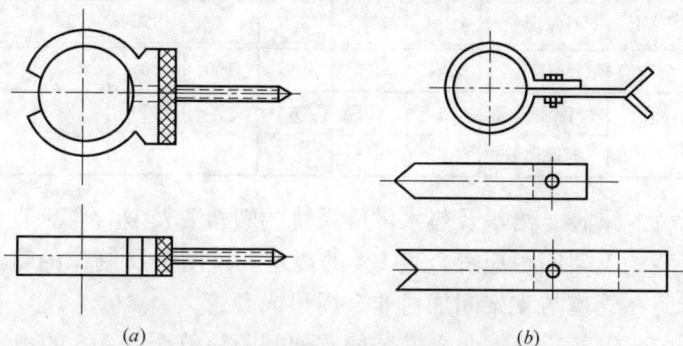

图 1-16　塑料和扁钢单管卡

(a) 塑料单管卡；(b) 扁钢单管卡

立管卡是两个单立管卡连在一起的形式，它是用螺丝杆穿过卡子固定于建筑物上。

1.7.2 管道支、吊架的安装

1. 安装准备

室内管道的支架应根据设计要求定出固定支架的位置，再按管道的标高，把同一水平直管段两端的支架位置画在墙或柱子上。要求有坡度的管道，应根据两点间的距离和坡度的大小，算出两点间的高度差，然后在两点间拉一根直线，按照支架的间距，在墙上或柱子上画出每个支架的位置。

土建施工时预留了埋设支架的孔洞，或预埋了焊接支架的钢板，应检查预留孔洞或预埋钢板的标高及位置是否符合要求。预埋钢板上的砂浆或油漆应清除干净。室外管道的支架、支柱或支墩应测量顶面的标高和坡度是否符合设计要求。

2. 支、吊架间距

（1）钢管水平安装的支、吊架间距不应大于表 1-3 的规定。

钢管支架的最大间距　　　　　　　表 1-3

公称直径(mm)		15	20	25	32	40	50	70
支架的最大间距(m)	保温管	2	2.5	2.5	2.5	3	3	4
	不保温管	2.5	3	3.5	4	4.5	5	6
公称直径(mm)		80	100	125	150	200	250	300
支架的最大间距(m)	保温管	4	4.5	6	7	7	8	8.5
	不保温管	6	6.5	7	8	9.5	11	12

（2）采暖、给水及热水供应系统的塑料管及复合管垂直或水平安装的支架间距应符合表 1-4 的规定。采用金属制作的管道支架，应在管道与支架间加衬非金属垫或套管。

（3）铜管垂直或水平安装的支架间距应符合表 1-5 的规定。

（4）不锈钢管道活动支架的间距可按表 1-6 选用。薄壁不锈钢管管壁较薄，若按相同管径施工规范规定的支架间距进行安装，难以保证管道的强度，根据施工经验，卡压薄壁不锈钢管的支架间距≤2m。

塑料管及复合管管道支架的最大间距 表1-4

管径(mm)			12	14	16	18	20	25	32
最大间距(m)	立管		0.5	0.6	0.7	0.8	0.9	1.0	1.1
	水平管	冷水管	0.4	0.4	0.5	0.5	0.6	0.7	0.8
		热水管	0.2	0.2	0.25	0.3	0.3	0.35	0.4
管径(mm)			40	50	63	75	90	110	
最大间距(m)	立管		1.3	1.6	1.8	2.0	2.2	2.4	
	水平管	冷水管	0.9	1.0	1.1	1.2	1.35	1.55	
		热水管	0.5	0.6	0.7	0.8			

铜管管道支架的最大间距 表1-5

公称直径(mm)		15	20	25	32	40	50
支架的最大间距(m)	垂直管	1.8	2.4	2.4	3.0	3.0	3.0
	水平管	1.2	1.8	1.8	2.4	2.4	2.4
公称直径(mm)		65	80	100	125	150	200
支架的最大间距(m)	垂直管	3.5	3.5	3.5	3.5	4.0	4.0
	水平管	3.0	3.0	3.0	3.0	3.5	3.5

不锈钢管道活动支架的间距（mm） 表1-6

公称直径DN	10～15	20～25	32～40	50～65	80～100
水平管	1000	1500	2000	2500	3000
立管	1500	2000	2500	3000	3000

3. 安装要求

（1）支架横梁应牢固地固定在墙、柱子或其他结构物上，横梁长度方向应水平，预面应与管道中轴线平行。

（2）吊架及滑动支架的偏移安装，如图1-17所示，其位置应正确，必须符合设计管线的标高和坡度，埋设应平整牢固；与管道接触应紧密，固定应牢靠。

（3）滑动支架应灵活，滑托与导向槽两侧间应留有 3～5mm 间隙，滑托的安装应向热膨胀的反方向移动等于管道伸长量一半的距离。

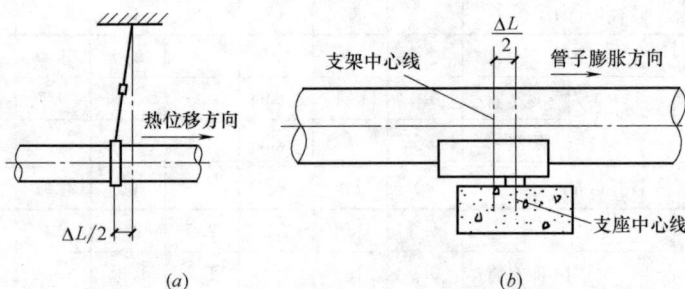

图 1-17　吊架及滑动支架的偏移安装

(*a*) 吊架的倾斜安装；(*b*) 滑动支架在滑托上偏移安装

（4）活动支架不应妨碍管道由于热膨胀所引起的移动。其安装布置应从支承面中心向位移反向偏移，偏移值应为位移的一半。管道在支架横梁或支座的金属垫上滑动时，支架不应偏斜或使滑托卡住。

（5）支架的受力部件，如横梁、吊杆及螺栓等的规格应符合设计或有关标准图的规定。

（6）支架应使管道中心离墙的距离符合设计要求。

（7）弹簧支、吊架的弹簧安装高度，应按设计要求调整，并做出记录。弹簧的临时固定件，应待系统安装、试压、保温完毕后方可拆除。

（8）支、吊架不得有漏焊、欠焊或焊接裂纹等缺陷。管道与支架焊接时，管道不得有咬肉、烧穿等现象。

（9）铸铁及大口径管道上的阀门，应设置专用支架，不得以管道承重。

4. 支架的安装

（1）墙上有预留孔洞的，可将支架横梁埋入墙内，如图1-18所示。埋设前，应清除孔洞内的碎屑及灰尘，并用水将孔洞浇湿。埋入深度应符合设计要求或有关标准图的要求。填塞使用 1 ：3 水泥砂浆，须填密实饱满。

（2）钢筋混凝土构件上的支架，可在浇筑时在各支架的位置预埋钢板，然后将支架横梁焊接在预埋钢板上，如图 1-19 所示。

（3）在没有预留孔洞和预埋钢板的砖或混凝土构件上，可以用射钉或膨胀螺栓安装支架，但不宜安装推力较大的固定支架。

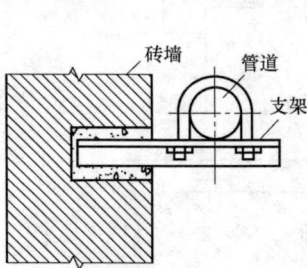

图 1-18 埋入墙内的支架　　　　图 1-19 焊接到预埋钢板上的支架

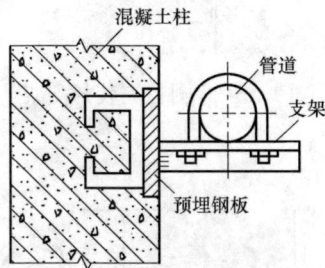

（4）用射钉安装支架时，先用射钉枪将射钉射入安装支架的位置，然后用螺母将支架横梁固定在射钉上，如图 1-20 所示。

（5）用不带钻膨胀螺栓安装支架，必须先在安装支架的位置钻孔。钻成的孔必须与构件表面垂直。孔的直径与套管外径相等，深度为套管长度加 15mm。钻好后，将孔内的碎屑清除干净。把套管套在螺栓上，套管的开口端朝向螺栓的锥形尾部；再把螺母带在螺栓上。然后打入已钻好的孔内，到螺母接触孔口时，用反手拧紧螺母。随着螺母的拧紧，螺栓向外拉动，螺栓的锥形尾部就把开口的套管尾部胀开，使螺栓和套管一起紧固在孔内，然后在螺栓上安装支架横梁，如图 1-21 所示。

（6）沿柱子敷设的管道，可采用包柱式支架，如图 1-22 所示。

5. 吊架安装

图 1-23 为吊架安装，如无热胀管道吊杆应垂直安装；有热胀的管道吊杆应向膨胀反方向倾斜 0.5Δ，此时，能活动偏移的吊杆长度一般为 20Δ，最少不得小于 10Δ（Δ 为水平方向位移的矢量和）。

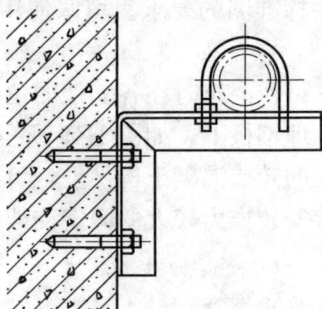

图 1-20 用射钉安装的支架

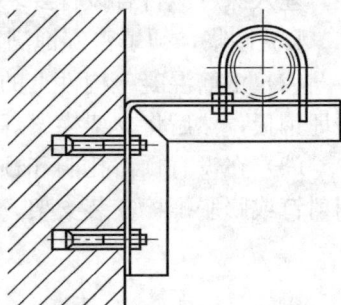

图 1-21 用膨胀螺栓安装的支架

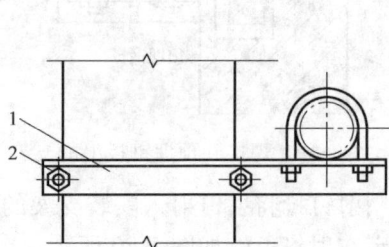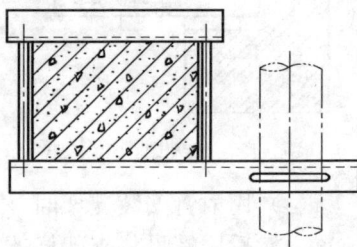

图 1-22 包柱式管道支架
1—支架横梁；2—双头螺栓

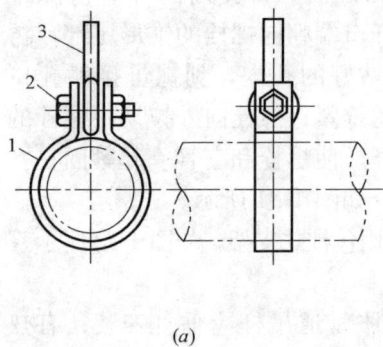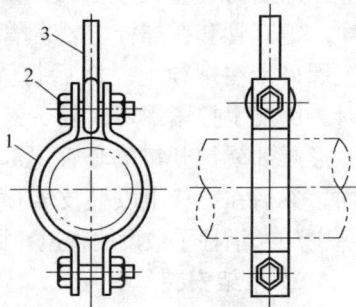

(a)　　　　　　　　　　　　(b)

图 1-23 吊架安装
1—管卡；2—螺栓；3—吊杆

两根热膨胀方向相反的管道,不能使用同一吊架。

弹簧支吊架安装前需对弹簧进行预压缩,压缩量按设计规定。弹簧支架预压缩的目的,是为了使管道运行受热膨胀时,弹簧支架所承受的负荷正好等于设计时它所应承受的管道荷重。

2　建筑给水管道安装

　　建筑给水管道，选用耐腐蚀和安装连接方便可靠的管材，可采用塑料给水管、塑料和金属复合管、铜管、不锈钢管及经可靠防腐处理的钢管。高层建筑给水立管不宜采用塑料管。

　　由于每种管材均有自己的专用管配件及连接方法，因此选用的给水管道必须采用与管材相适应的管件；生活给水系统所选用管材、管件及所涉及的其他材料必须达到饮用水卫生标准。

2.1　建筑给水金属管道安装

　　本节适用于新建、扩建和改建的民用和工业建筑给水金属管道工程的施工。

2.1.1　配管切割

　　按实测施工图进行配管，制定管材和管件的安装顺序，进行预装配；配管切割前应先确认管材无损伤、无变形；切割工具宜采用专用的电动切管机、手动切管器或手动管割刀；管材宜采用圆周环绕切割，应保持截面周向匀称，管口不得变形；管材切割后，管口的端面应平整，并

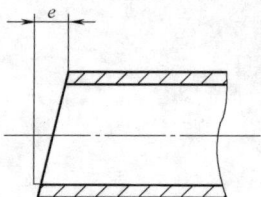

图 2-1　金属管道切割

应垂直于管轴线，切割的质量要求，如图 2-1 和表 2-1 所示。

　　管材切割后，管端的内外毛刺宜采用专用修边工具清除干净；管端如有变形，应采用专用整形工具对管端进行整圆。在管道连接前，应将管材与管件的内外污垢与杂质清除干净，有密封材料的管件，应检查密封材料和连接面，不得有伤痕、杂物。

金属管道切割的质量要求   表 2-1

管道公称直径(mm)	切割 e(mm)
≤20	≤0.5
25～40	≤0.6
50～80	≤0.8
100～150	≤1.2
≥200	≤1.5

2.1.2 碳钢管连接操作

1. 螺纹连接

螺纹连接应按截管、套丝、管端清理、缠绕生料带、连接的步骤进行。

（1）截管：管材宜采用锯床或砂轮切割；当采用盘锯切割管材时，盘锯的转速不得大于 800r/min；当采用手工锯截管材时，其锯面应垂直于管轴心并符合表 2-1 的规定。

（2）套丝：螺纹套丝宜采用电动套丝机；当镀锌焊接钢管、焊接钢管采用螺纹连接时，螺纹长度可按表 2-2 的要求执行。

螺纹长度（mm）   表 2-2

管道公称直径	螺 纹 长 度	
	连接阀体的管道	连接管件的管道
15	12	14
20	13.5	16
25	15	18
32	17	20
40	19	22
50	21	24
65	23.5	27
80	26	30

（3）管端清理：螺纹连接前应将管端的毛边修光，并应清除管道内和连接处的污物。

（4）缠绕生料带：螺纹连接的密封材料宜采用聚四氟乙烯生料带。

（5）连接：螺纹连接时应一次旋转到位，不得倒转。

2. 焊接连接

管道公称直径小于或等于 50mm，且管道壁厚小于或等于 3.5mm 的钢管可采用气焊。

（1）管道焊接前应清理焊接端口，并清洁连接部位；端口两侧不小于 10mm 范围内的管材表面应打磨出金属光泽。

（2）焊条材料应与被焊接管材相同，焊条直径可按表 2-3 选用。

焊条直径的选用 表 2-3

焊条直径(mm)	适用管材
2.0	适用于最薄的钢材
2.5、3.2	适用于较薄的钢材
4.0、5.0、6.0	适用于原钢材

（3）气焊和电弧焊的坡口形式和对边尺寸，应符合图 2-2、表 2-4、表 2-5 的规定。

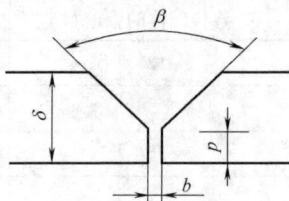

图 2-2 焊接的坡口形式和对边尺寸示意图

（4）焊接质量应符合设计和规范的规定，填缝金属应高出管外壁 1～3mm，焊缝表面应光滑且不得有裂纹、气孔、砂眼和其他缺陷。

气焊的坡口形式和对边尺寸　　　　　表 2-4

管道壁厚 δ(mm)	坡口形式和对边尺寸		
	间隙(mm)	钝边 p(mm)	坡口角 β(°)
<2	—	—	—
2~3	1.0~2.0	—	—
>3	1.0~2.0	1.0~1.5	30~40

电弧焊的坡口形式和对边尺寸　　　　　表 2-5

管道壁厚 δ(mm)	坡口形式和对边尺寸		
	间隙 b(mm)	钝边 p(mm)	坡口角度 β(°)
4~9	1.5~3.0	1.0~1.5	60~70
10~26	2.0~4.0	1.0~2.0	60±5

（5）不得在焊缝处焊接支连接管。管道的横向焊缝与管道的连接焊缝间的距离应符合国家现行相关标准的规定。

（6）在环境温度低于−20℃进行焊接时，接头处应预热到100℃以上再进行焊接。预热管段的长度在焊缝两侧各 50~75mm。在环境温度低于 0℃时，焊缝成形后应在焊接处和管道上采取适当的保温措施。

（7）镀锌焊接钢管焊接后，应对焊缝处进行二次镀锌。

3. 碳钢管沟槽式连接

（1）管材切口表面应平整，不得有裂缝、凹凸、缩口等缺陷，并应打磨光滑。

（2）沟槽加工部位的管口应进行整圆，并应清除表面的熔渣、氧化物等污物。

（3）沟槽应采用有限位装置的专用滚槽机加工，沟槽加工时应符合下列要求：

1）滚压环形沟槽时，应使用水平仪量测管道处于水平位置。

2）管道端面应与滚槽机止面贴紧，管道轴线应与滚槽机止面垂直。

3）滚压沟槽过程中，严禁管道出现纵向位移和角位移。

4）加工一个沟槽的时间应符合表 2-6 的规定。

加工一个沟槽的时间要求　　　　　表 2-6

管道公称直径(mm)	时间(min)	管道公称直径(mm)	时间(min)
50	2	250	5
65	2	300	6
80	2.5	350	7
100	2.5	400	8
125	3	450	10
130	3	500	12
200	4	600	16

5）应使用游标卡尺量测沟槽的深度和宽度，在确认沟槽尺寸符合要求后方可取出管道。

（4）滚槽机滚压成型的沟槽应符合下列要求：

1）管端至沟槽段的表面应严整，不得有凹凸、滚痕。

2）沟槽圆心应与管壁同心，沟槽宽度和深度应符合相关标准的规定。

3）管道的镀锌层和内壁的各种涂层或内衬层应完好。

4）沟槽外径不得大于规定值。

（5）沟槽式接头的安装应符合下列要求：

1）卡箍件的型号应与管道匹配。

2）橡胶密封圈不得有损伤。

3）应采用游标卡尺检查管材、管件的沟槽，并应确认符合要求。

4）安装时应在橡胶密封圈上涂抹润滑剂，润滑剂可采用肥皂水或洗涤剂，不得采用油润滑剂。

5）连接时应校直管道中轴线。

6）在橡胶密封圈的外侧安装卡箍件时，应将卡箍件内缘嵌固在沟槽内，并将卡箍件固定在沟槽的中心部位。

7）压紧卡箍件至端面闭合后，应即刻安装紧固件，并应均匀交替拧紧螺栓。

8）在安装卡箍件过程中，必须目测检查橡胶密封圈，不得起皱。

9）安装完毕后应检查并确认卡箍件内缘全圆周嵌固在沟槽内。

4. 碳钢管法兰连接

（1）当碳钢管采用法兰连接时，法兰盘面应平整、无裂纹，密封面上不得有斑疤、砂眼及辐射状沟纹。

（2）法兰接口应平行，允许偏差不应大于法兰外径的1.5%，且不应大于 2mm。螺孔中心允许偏差不应大于螺孔孔径的 5%。

（3）进行法兰连接时，应先将法兰密封面清理干净。

（4）法兰垫圈应放置平整。管道公称直径大于 600mm 的法兰以及使用拼粘垫片的法兰，均应在两法兰的密封面上各涂一道铅油。法兰连接使用的橡胶垫圈应符合下列要求：

1）垫圈的材质应均匀，厚薄应一致，应无老化、皱纹等缺陷；当采用非整体垫圈时，拼缝应平整且粘结良好。

2）当管道公称直径小于或等于 600mm 时，垫圈厚度宜为 3~4mm；当管道公称直径大于或等于 700mm 时，垫圈厚度宜为 5~6mm。

3）垫圈内径应与法兰内径一致，允许偏差应符合下列要求：

当管道公称直径小于或等于 150mm 时，允许偏差为 +3mm。

当管道公称直径大于或等于 200mm 时，允许偏差为 +5mm。

4）垫圈外径应与法兰密封面外缘平齐。

（5）所有螺栓及螺母应涂抹机油。

（6）螺母应在法兰的同一侧，并应对称、均匀拧紧。拧紧后的螺栓宜高出螺母外 2 个丝扣，且不应大于螺栓直径的 1/2。

（7）法兰接口埋地敷设时，应对法兰、螺栓和螺母采取防腐措施。

2.1.3 薄壁不锈钢管连接操作

薄壁不锈钢水管系指壁厚与外径之比不大于 6%，壁厚为 0.6～4.0mm 的不锈钢管。主要用于建筑给水、热水和饮用净水工程，具有重量轻、力学性能好、使用寿命长、摩阻系数小、不易产生二次污染等优点，且综合成本合理。目前，随着我国分质供水等绿色环保工程的迅速发展，建筑给水工程对薄壁不锈钢水管的需求日益增加，发展潜力较大。

当薄壁不锈钢管采用卡压式连接、环压式连接、双卡压式连接或内插卡压式连接时，管材和管件的尺寸应配套，其偏差应在允许范围内。组对前，密封圈位置应正确。

1. 不锈钢卡压式 D 型承口连接

卡压式连接是以带有特种密封圈的承口管件连接管道，用专用工具压紧管口而起密封和紧固作用的一种连接形式。

卡压式不锈钢管路系统安装前，应仔细阅读卡压式不锈钢管道使用说明书；然后按照说明书中安装操作顺序及安装方法进行安装。在管道安装前，应按相应产品标准对材料进行检验，并应去除管材与管件内外污垢与杂质，检查管件中的橡胶密封圈是否良好无伤痕、无杂物。

（1）不锈钢卡压式管件 D 型承口端口部分有环状 U 形槽，且内装 O 型密封圈。安装时，用专用卡压工具使 U 形槽凸部缩径，且薄壁不锈钢水管、管件承插部位卡成六角形（$DN\,15$～$DN\,60$）或多边形（$DN\,65$～$DN\,100$），如图 2-3 所示。

（2）安装前应按下列要求进行准备工作：

1）用专用划线器在管材端部画标记线一周，以确认管材的插入长度。插入长度应不小于表 2-7 的规定。

管材插入长度基准值（mm） 表 2-7

公称尺寸 DN	10	15	20	25	32	40	50	65	80	100
管材插入长度基准值	21	21	24	24	39	47	52	53	60	75

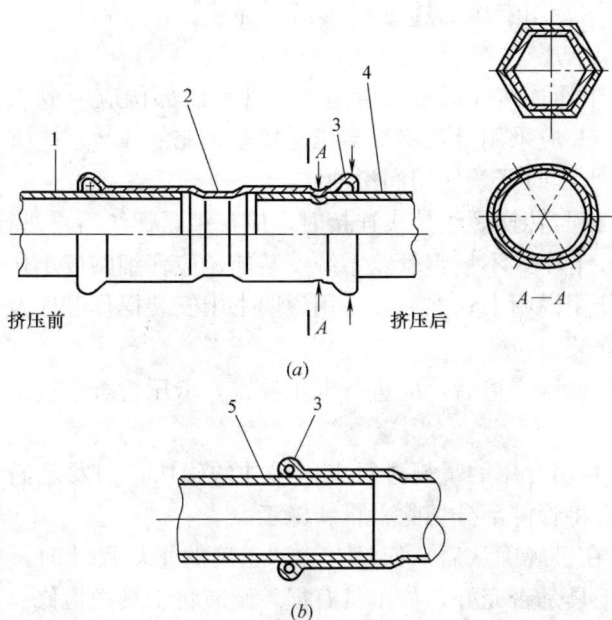

图 2-3　不锈钢卡压式 D 型承口连接示意
（a）管材与管件连接；（b）管件承口
1—不锈钢管；2—双承短管直通；3—密封圈；4—不锈钢圈；5—管材

2）卡压式管件 D 型承口端口部分应加工成环状 U 形槽，槽内应装入 O 型密封圈，并应确认密封圈已安装在正确的位置。

（3）D 型承口卡压式连接应按下列步骤进行：

1）将管材垂直插入卡压式管件中，不得歪斜、不得使 O 型密封圈割伤或脱落。

2）插入后，应确认管材上所画标记线距端部的距离：公称尺寸 $DN10\sim DN25$ 时，应为 3mm；公称尺寸 $DN32\sim DN65$ 时，应为 5mm。

3）用专用卡压工具进行卡压连接，卡压时应将卡压工具钳口的凹槽与管件凸部靠紧，并口夹紧管件，工具的钳口还应与管道轴心线垂直。

4）用专用卡压工具使 U 形槽凸部缩径，直到产生轻微振动才可结束卡压连接过程。

5）卡压连接完成后，管道、管件承压部位应卡成六角形或多边形，并应采用量规检查卡压连接是否完好。

6）卡压时严禁使用润滑油。

7）当与转换螺纹接头连接时，应在锁紧螺纹后再进行卡压。

（4）卡压式不锈钢管路系统安装前，应仔细阅读卡压式不锈钢管道使用说明书；然后按使用说明书中安装操作顺序及安装方法进行安装。

（5）卡压连接后，应进行卡压检查，卡压检查应按下列步骤进行：

1）利用专用的量规进行卡压尺寸的确认，如发现插入不到位的，应将管件部分切除，重新施工。

2）在量规确认后，如没有达到正确的量规尺寸时，应先检查卡压工具是否完好，如工具有损，则应将工具送检修。在卡压连接不当处，可用正常卡压工具再次进行卡压连接，并应再次用量规进行检查确认。

2. 不锈钢卡压式 S 型承口连接

（1）不锈钢卡压式管件 S 型承口连接，如图 2-4 所示。

（2）卡压式管件 S 型承口连接应按下列步骤进行：

1）用画线标志器在管端作插入深度标记画线。

2）检查管件中密封圈。

3）将管材插入管件承口深度与画线标志应相吻合，调节量不应大于 3mm；应保证管材插入长度，不得损伤管件内部密封圈。

4）应用专用工具在 O 型密封环左、右两侧各挤压出一道锁固凹槽。

5）应采用专用量具确认锁固形位。

（3）S 型承口连接应注意以下事项：

1）采用钢锯锯切管口，应清除毛刺。管口应光滑，管内壁

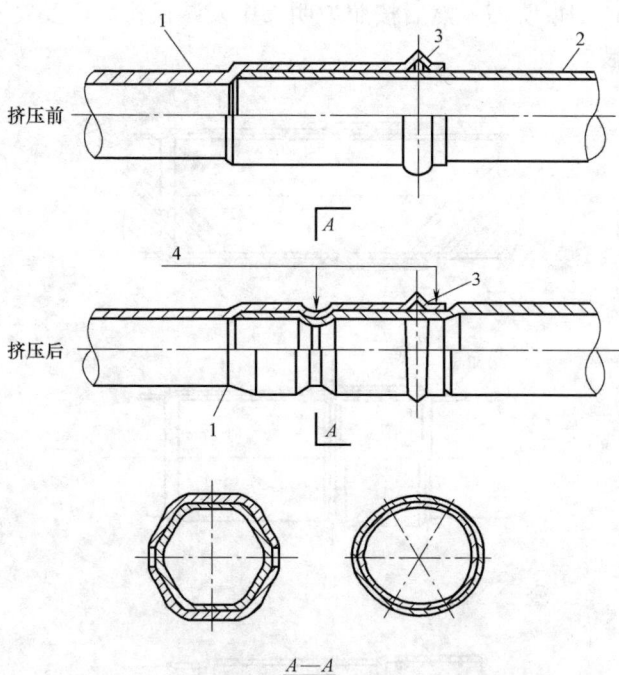

图 2-4　不锈钢卡压式 S 型承口连接示意

1—管件；2—管材；3—密封圈；4—挤压部位

应清洁。

　　2）管道插入管件承口，可用清水作润滑剂。

　　3）工作前，应检查工具是否完好，确保工具正常工作。

　　4）安装操作应按照操作规程顺序进行。

3. 不锈钢环压式连接

　　环压式连接时，管件的承口是没有收口的阶梯形，连接前无需对管道做预处理。连接时将预先套上矩形密封圈的管道插入管件的承口，沿承口外部圆周施压，使承口连同管道一起下凹变形以压缩承口的密封段，使管道与管件有效连接与密封的连接形状，如图 2-5 所示。

　　（1）环压式不锈钢管路系统安装前，应仔细阅读环压式不锈钢管道使用说明书；然后按照说明书中安装操作顺序及安装方法进行安装。

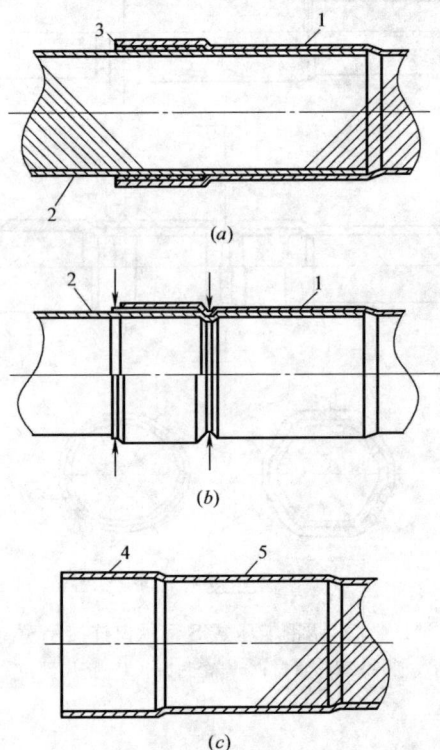

图 2-5　不锈钢环压式连接示意

（*a*）环压前；（*b*）环压式管件承口；（*c*）环压后

1—管件；2—管材；3—密封圈；4—密封段；5—稳定段

（2）环压式连接（包括手动工具和电动工具）应按下列步骤进行：

1）选择与管件对应的液压专用工具；在环压接前应检查环压组件上的滑动块，动作是否灵活，同时应注意保持环压组件的清洁。

2）将管材插入管件承口并到底端，并用划线笔沿管件边缘在管材上划线。

3）将密封圈套在管材上，插入承口底端，使管材深度标记与管件边缘对齐，再把密封圈推入管件与管道之间的间隙内。

4）管件的压接部位应使管材与钳头色标方向一致，置于钳头的上下压块之间；管件和管道必须与钳头垂直，即可环压操作。在施压时，每次油泵运动应是最大行程。加压直至上、下压块无间隙稳压 3s 后卸压，环压操作完成。

（3）环压连接时，严禁模块不成组使用和不成组更换；严禁模块色标与滑块的色标方向不一致；严禁色标与管材方向不一致进行环压。

（4）环压连接后，应进行环压检查，环压检查应按下列步骤进行：

1）压接部位 360°压痕应凹凸均匀。

2）管件端面与管材结合应紧密无间隙。

3）管件端面与管材压合缝挤出的密封圈的多余部分能自然断掉或简便轻松去除。

4）如环压不到位，应成对更换压块或将工具送修。在环压不当处可用正常环压工具再做一次环压，并应再次检查压接部位质量。

5）当与转换螺纹接头连接时，应在旋紧螺纹后再进行环压一次。

6）公称尺寸为 $DN80\sim DN100$ 的管道与管件的压接，除按上述操作外，还应做二次压接。二次压接时，将压块靠近管件密封带的根部，加压至上、下压块无间隙。

4. 不锈钢可曲挠螺纹连接

（1）不锈钢可曲挠螺纹管件连接安装时，在管材端部用专用工具扩成 90°翻边平面，两个翻边平面压接在带限位结构密封圈上并拧紧，如图 2-6 所示。

（2）安装前应按下列要求进行准备工作：

1）用专用划线器在管材画标记线一周，以确认管材的翻边宽度，翻边宽度应符合表 2-8 的规定。

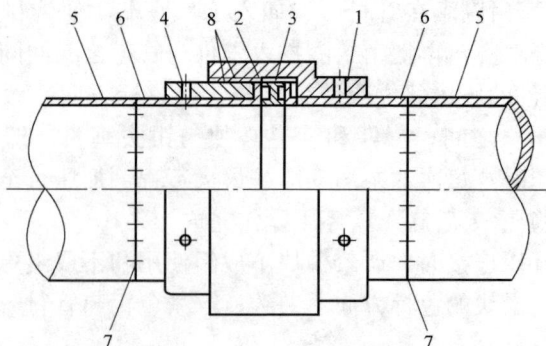

图 2-6　不锈钢可曲挠螺纹连接示意
1—活接内螺纹管件；2—O 型密封圈；3—不锈钢密
封圈；4—活接外螺纹管件；5—翻边不锈钢管材；
6—成品翻边短节管件；7—TIG 焊；8—柱螺纹

管道翻边宽度位置基准值（mm）　　　　表 2-8

公称直径 DN	15	20	25	32	40	50	60	65	80	100
翻边宽度	4.0	4.0	5.2	6.4	6.6	7.1	8.6	9.3	10.6	12.0

　　2）可曲挠螺纹管件端口部分应套入加工成 90°翻边形状，槽内应装入带限位结构密封圈，并应确认密封圈已安装在正确的位置。

　　（3）可曲挠螺纹式连接应按下列步骤进行：

　　1）断管：用砂轮切割机将配管切断，切口应垂直，且把切口内外毛刺修净。

　　2）将管件端口部分螺母拧开，并把螺母套入配管上。

　　3）用专用工具（液压翻边机）将配管端口进行 90°翻边工艺处理。

　　4）将带限位结构密封圈放入管件端口内。

　　5）用扳手拧紧，完成配管与管件一个部分的连接。

　　（4）可曲挠螺纹式不锈钢管路系统安装前，应仔细阅读可曲挠螺纹式不锈钢管道使用说明书；然后按使用说明书中安装操作顺序及安装方法进行安装。

（5）可曲挠螺纹式连接后，应进行翻边检查，翻边检查应按下列步骤进行：

1）利用专用的游标卡尺进行翻边宽度的确认，如发现翻边不到位的，应将管件部分切除，重新施工。

2）在测量确认后，如没有达到正确的尺寸时，应先检查液压翻边模具是否完好，如模具有损，则应将模具送检修。在螺纹连接不当处，可用液压翻边机再次进行翻边连接，并应再次用游标卡尺进行检查确认。

（6）用可曲挠螺纹管件连接时，应符合下列要求：

1）配管翻边前，先将需连接的管件端口部分螺母拧开，并把它套在配管上。

2）液压翻边机按不同管径附有模具，公称直径 15～100mm。

3）配管翻边过程凭借液压翻边机专用模具调整定位。

4）带限位结构密封圈应平放在管件端口内，严禁使用润滑油。

5）把翻边后的配管压接在螺纹管件内时，切忌损坏密封圈或改变其平整状态。

6）与阀门、水龙头等管路附件连接时，在常规管件丝口处应缠生料带或用金属密封胶。

5. 不锈钢压缩式管件连接

（1）不锈钢压缩式管件端口部分拧有螺母，且内装有橡胶密封圈。安装时，应用专用工具把配管与管件的连接端内胀成山形台凸缘或外加一挡圈，依次将密封圈放入管件端口内，把配管插入管件内和拧紧螺母，如图 2-7 所示。

（2）应按下列顺序进行安装前准备：

1）断管：用砂轮切割机将配管切断，切口应垂直，且把切口内外毛刺修净。

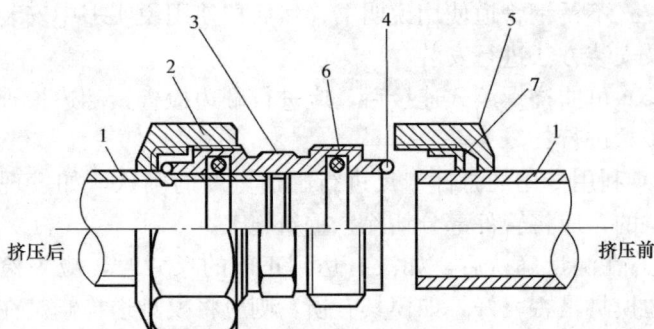

挤压后　　　　　　　　　　　　　　　　　　　挤压前

图 2-7　不锈钢压缩式连接示意

1—管材；2—硅橡胶密封圈；3—等径直通；4—开口不锈钢卡环；

5—外螺纹；6—锁紧螺母；7—不锈钢内套

2）将管件端口部分螺母拧开，并把螺母套入配管上。

3）用专用工具（胀形器）将配管内胀成山形台凸缘或外加一挡圈。

4）将硅胶密封圈放入管件端口内。

5）将事先套入螺母的配管插入管件内。

6）手拧螺母，并用扳手拧紧，完成配管与管件一个部分的连接。

（3）用压缩式管件连接时，应符合下列要求：

1）配管胀形前，先将需连接的管件端口部分螺母拧开，并把它套在配管上。

2）胀形器按不同管径附有模具，公称尺寸 15～50mm 用胀箍式（内胀成一个山形台），装、卸合模时可借助木槌轻击。

3）配管胀形过程凭借胀形器专用模具自动定位，上下拉动摇杆至手感力约为 30～50kg，配管卡箍或胀箍位置应满足表 2-9 的规定。

管道胀形位置基准值（mm）　　　　　　　　　　表 2-9

公称尺寸 DN	15	20	25	32	40	50
胀形位置外径	16.85	22.85	28.85	37.70	42.80	53.80

4）硅胶密封圈应平放在管件端口内，严禁使用润滑油。

5）把胀形后的配管插入管件时，切忌损坏密封圈或改变其平整状态。

6）与阀门、水龙头等管路附件连接时，在常规管件丝口处应缠麻丝或生料带。

6. 不锈钢卡凸式管件连接

卡凸式连接是以管端带有凸缘的管材和带有特种密封圈的承口管件连接，拧紧螺母而起密封作用和紧固作用的一种连接方式，如图2-8、图2-9所示。

（1）不锈钢管路系统安装前，应仔细阅读卡凸式连接安装指南；然后按照指南中安装操作顺序及安装方法进行安装。

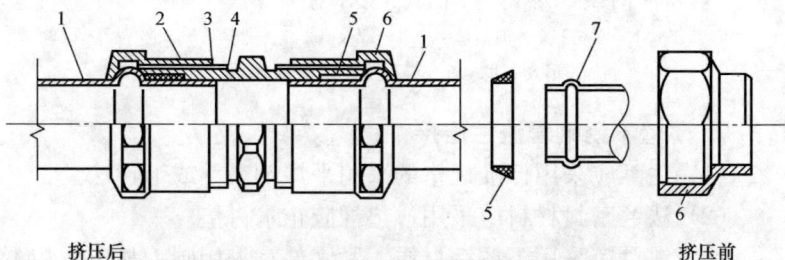

图 2-8　不锈钢卡凸式连接示意-锁紧螺帽连接

1—管材；2—普外螺纹；3—普通内螺纹；4—螺纹直通；
5—锥形密封圈；6—锁紧螺母；7—管材凸缘环

（2）薄壁不锈钢卡凸式连接前应对管口进行扩圆环，并应符合下列要求：

1）应采用专用工具在管口处扩出圆环。

2）扩圆环时应将推压螺母或活套法兰预先套在法兰上。

3）辊压圆环时速度不应过快，圆环的圆度应均匀。

4）圆环凸起曲面高度应符合规定，且不应辊压过度。

（3）卡凸式连接不宜使用断面为三角形的橡胶密封圈，且不得使用润滑油。

（4）管材插入管件应到位，然后应使用扳手将推压螺帽或

47

活套法兰紧固螺栓与管件锁紧，锁紧后密封圈与圆环应完全
密闭。

（5）连接完成后应检查连接处，不得产生裂纹、裂口等
现象。

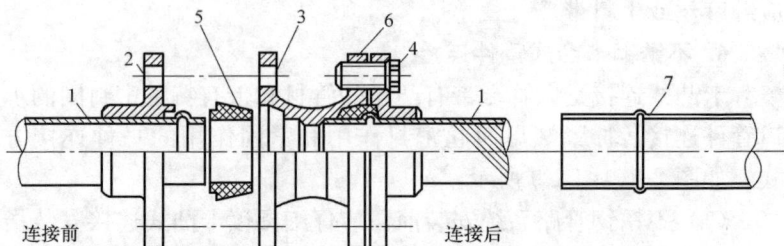

图 2-9　不锈钢卡凸式连接示意-锁紧法兰连接

1—管材；2—锁紧法兰；3—螺纹孔；4—螺栓；5—锥
形密封圈；6—法兰管件；7—凸缘环

7. 薄壁不锈钢管法兰连接

（1）法兰应采用标准规格的采用平焊钢法兰或卡箍法兰。

（2）法兰密封材料应采用衬垫橡胶止水衬垫。

（3）法兰应采用不锈钢材质。紧固件宜采用碳钢材质，与不
锈钢法兰用塑料垫圈隔开。

（4）螺母应在法兰的同一侧，并应对称、均匀拧紧。拧紧后
的螺栓宜高出螺母外 2 个丝扣，且不应大于螺栓直径的 1/2。

8. 不锈钢对接氩弧焊连接

（1）不锈钢对接氩弧焊式连接，如图 2-10 所示。

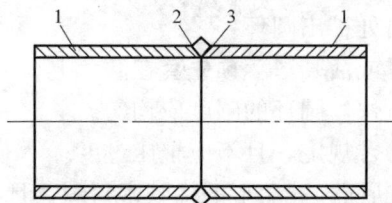

图 2-10　不锈钢对接氩弧焊连接示意

1—管材；2—焊缝；3—TIG 焊

（2）对接氩弧焊式连接
应按下列步骤进行：

1）用钨极氩弧焊
（TIG 焊），将坡口部作环状
一圈的焊缝。如需作多道施
焊时，也应 TIG 焊打底，
其余各层允许采用焊条电

弧焊。

2）宜用惰性气体作内壁焊缝保护或选用对内壁焊缝有保护作用的焊丝，以确保内壁焊缝平整、无缝隙。

3）焊缝应进行抛光处理。

（3）钢管或管件坡口时，坡口有关参数推荐值可按表 2-10 和图 2-11 规定，当钢管与管件壁厚小于 3mm 时，允许以直角或轻微倒角替代坡口。

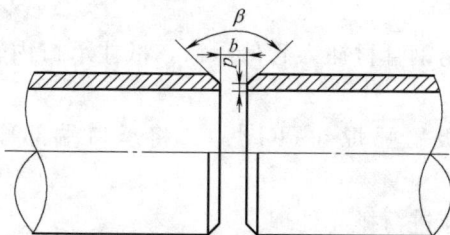

图 2-11　坡口图

坡口参数　　　　　　　　　　　　　　　　　　　　　　表 2-10

坡口角度 β	$60°\sim70°$
间隙 b	$0\sim2mm$
钝边 p	$0\sim1mm$

（4）应根据薄壁不锈钢管道、管件的材质和钨极惰性气体保护焊焊接方法，选用相应的焊丝牌号，并满足下列规定：

1）06Cr19Ni10（S30408）不锈钢，可选用奥氏体型 H0Cr21Ni10 焊丝。

2）06Cr17Ni12Mo2（S31608）不锈钢，可选用奥氏体型 H0Cr19Ni12Mo2 焊丝。

3）022Cr17Ni12Mo2（S31603）不锈钢，可选用奥氏体型 H00Cr19Ni12Mo2 焊丝。

9. 不锈钢承插氩弧焊连接

（1）不锈钢承插氩弧焊式管件连接，如图 2-12 所示。

（2）承插氩弧焊式连接应按下列步骤进行：

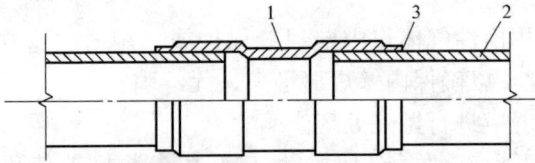

图 2-12　承插氩弧焊连接示意
1—双承直通；2—不锈钢管；3—TIG 焊

1）将不锈钢管材插入管件承口，抵住承口内轴肩后，外拉 0.5~2mm。

2）用钨极氩弧焊（TIG 焊），将承口端部作环状一圈的焊缝。

3）焊缝应进行抛光处理。

（3）当管件端口无延展边，焊接时可添加焊丝；当管件端口有延伸边，焊接连接时可不添加焊丝，以延展边替代。

（4）钨极氩弧焊要求小电流、快焊速，其焊接工艺参数可参考表 2-11。

（5）氩弧焊宜选用手提式逆变氩弧焊/电弧焊两用机。

（6）氩弧焊焊接时，不锈钢管内外壁均应采取惰性气体保护。

2.1.4　球墨铸铁管连接

1. 球墨铸铁管刚性连接

（1）连接前应将承口和插口的连接面清理干净。

（2）填充的油麻应洁净，填充油麻时应符合下列要求：

1）油麻的截面直径应为环向间隙的 1.5 倍，搭接长度宜为 50~100mm。

2）填麻应占承口总深度 1/3，但不得超过承口水线里缘。

（3）当接口数量较多时，应采用橡胶圈接口，橡胶圈的规格尺寸应符合表 2-12 的规定。

表 2-11

承插式管件钨极氩弧焊焊接工艺参数

管壁厚(mm)	无脉冲焊接工艺参数				有脉冲焊接工艺参数				
	钨极直径(mm)	焊接电流(A)	焊接速度(mm/min)	气体流量(L/min)	钨极直径(mm)	焊接电流(A)	脉冲频率(Hz)	焊接速度(mm/min)	气体流量(L/min)
0.6	1.0	8~12	50~85	4~5	1.0~1.5	10~16	8~10	60~130	5~6
0.8	1.0~1.5	12~18	60~180	4~5	1.5~2.0	18~25	8~10	100~140	5~6
1.0	1.0~1.5	25~38	150~300	5~6	1.5~2.0	25~42	8~10	130~260	6~8
1.2	1.0~1.5	35~48	260~450	6~8	1.5~2.0	38~50	10~12	220~400	8~10
1.5	1.0~2.0	45~60	400~550	8~10	0~2.5	45~60	10~12	360~500	10~12

	橡胶圈的规格尺寸		表 2-12
管道公称直径 （mm）	胶圈直径 （mm）	胶圈中心长度 （mm）	压缩比 （%）
150	18	451	44.4
200	18	588	44.4
250	19	725	42.1
300	19	826	42.1
350	19	1058	42.1
400	19	1203	42.1
450	19	1348	42.1
500	21	1493	42.9
600	21	1784	42.9
700	23	2073	47.8
800	23	2364	47.8
900	23	2655	47.8
1000	25	2943	48
1200	25	3523	48

（4）橡胶圈就位可采用推进器、填捻、锤击的方法，但应缓慢、逐步均匀地嵌入。橡胶圈就位后应与承口处边缘的距离相等。

（5）填捻外层填料时应分层填捻，每层厚度不应大于 25mm。

（6）连接完成后应根据气温和空气湿度条件对接口进行养护，并应符合下列要求：

1）在温暖湿润季节，可在接口处覆盖湿黏土或缠绕草绳，在炎热季节，应在接口处覆盖草袋。

2）接口养护期间应保持覆盖物湿润，养护时间不应小于 24h。

3）养护期间管道上不应有振动负荷，管道内不应有带压水。

4）在环境温度低于
－5℃时，应采取相应的
保温措施。

2. 球墨铸铁管柔性连接

（1）连接前应将承口和插口的连接面清理干净。

（2）球墨铸铁管承插式柔性（胶圈）连接时，连接用的橡胶圈可采用楔形、唇形、圆形或中凹形，如图 2-13 所示。插入时不得使用润滑油。

（3）球墨铸铁管承插式柔性（机械）连接时，当管道公称直径小于或等于 400mm 时，可

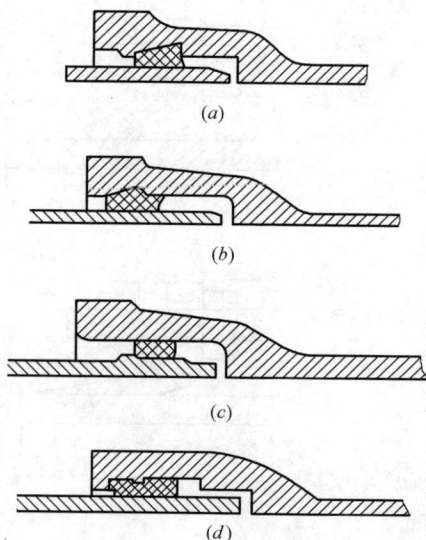

图 2-13　球墨铸铁管承插式柔
性（胶圈）连接接口示意
（a）楔形橡胶圈；（b）唇形橡胶圈；
（c）圆形橡胶圈；（d）中凹形橡胶圈

采用普通机械型连接；当管道公称直径大于 400mm 时，可采用改良机械型连接，如图 2-14 所示；螺母应在同一侧（插口一侧），并应对称、均匀拧紧。

（4）连接完成后应检查胶圈位置，胶圈的位置应正确，沿圆周方向距承口的距离应一致。

2.1.5　铜管连接

1. 铜管钎焊连接

（1）铜管钎焊可采用硬钎焊或软钎焊，硬钎焊可用于各种规格铜管与管件的连接；当管道与管件连接，且管道公称直径小于或等于 25mm 时，可采用软钎焊连接。

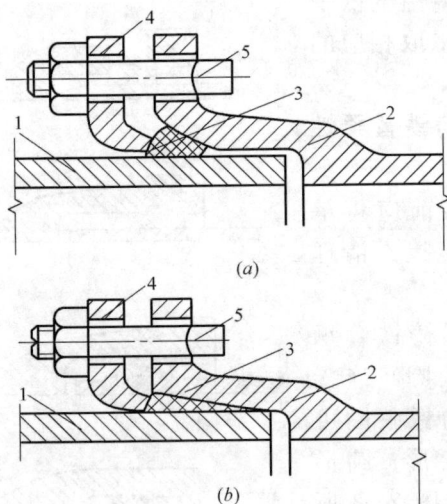

图 2-14 球墨铸铁管承插式柔性（机械）连接

(a) 普通机械型；(b) 改良机械型

1—插口；2—承口；3—圆形或楔形橡胶圈；4—压环；5—螺栓及螺母

（2）焊接钎料及使用应符合下列要求：

1）硬钎焊的钎料宜选用含磷的脱氧元素的铜基无银、低银钎料；铜管硬钎焊可不添加钎焊剂，但当铜管与铜合金管件钎焊时，应添加钎焊剂。

2）软钎焊的钎料可选用无铅锡基、无铅锡银钎料；焊接时应添加钎焊剂，但不得使用含氨钎焊剂。

3）铜管钎焊不得使用含铅钎料。

（3）钎焊宜采用"氧-乙炔"火焰或"氧-丙烷"火焰加热，软钎焊可采用"丙烷-空气"火焰或电加热。

（4）钎焊前应将铜管焊接处的塑覆层剥离，剥离长度不应小于 200mm。并应采用细砂纸或不锈钢丝刷，将焊处外壁和管件内壁的污垢与氧化膜清除干净。

（5）塑覆铜管钎焊时，应在连接点的两端缠绕湿布冷却，钎焊完成后复原塑覆层。

（6）钎焊时应根据工件大小选用火焰功率，被连接的两端口应均匀加热，当达到钎焊温度应及时向接头处添加钎料，并继续加热。当钎料填满钎缝后应立即停止加热，并应保持静置至自然冷却。

（7）钎焊完成后，应将接头处的残留钎焊剂和反应物清洗擦拭干净。

2. 铜管环压连接

采用环压连接时应符合上述"不锈钢环压式连接"的有关规定。

3. 铜管卡压连接

（1）当管道公称直径小于或等于50mm，且为硬态铜管时，可采用卡压连接。

（2）应采用专用的连接管件和卡压机具。

（3）在铜管插入管件的过程中，管件内的密封圈不得扭曲变形。

（4）管材插入管件到位后应轻轻转动管道，使管材与管件的结合段同轴后方可卡压。

（5）卡压时，卡钳端面应与管件轴线垂直，达到规定的卡压力后应保持1~2s方可松开卡钳。

4. 铜管卡套连接

（1）当管道公称直径小于等于50mm或需拆卸的铜管可采用卡套连接。

（2）旋紧螺母应选用活动扳手或专用扳手，不宜使用管钳。

（3）连接部位宜采用二次装配；第二次装配时，应从力矩激增点起再将螺母拧紧1/4圈。

（4）一次完成卡套连接时，拧紧螺母应从力矩激增点起再旋转1~5/4圈，使卡套的刃口切入管道，但不得旋得过紧。

5. 铜管法兰连接

（1）松套法兰规格应符合有关标准规定。

（2）垫片可采用耐温夹布橡胶板或铜垫片等。

（3）紧固件应采用镀锌螺栓、螺母。

（4）螺母应在同一侧，并应对称、均匀拧紧。

6. 铜管螺纹连接

（1）黄铜配件与附件可采用螺纹连接。

（2）密封材料宜采用聚四氟乙烯生料带。

（3）连接前应将连接面清理干净。

（4）螺纹连接时应一次旋转到位，不得倒转；连接完成后应留有 2～3 扣螺尾。

2.1.6 管道敷设

（1）管道明敷时，应在土建工程完毕后进行安装。安装前，应先复核预留孔洞的位置。管道安装前应对管材、管件的适配性和公差进行检查。

（2）在施工过程中，应防止管材、管件与酸、碱等有腐蚀性液体、污物接触。受污染的管材、管件，其内外污垢和杂物应清理干净。

（3）管道安装间歇或完成后，敞口处应及时封堵。

（4）当管道穿墙壁、楼板及嵌墙暗敷时，应配合土建工程预留孔、槽，预留孔或开槽的尺寸应符合下列要求：

1）预留孔洞的尺寸宜大于管道外径 50～100mm。

2）嵌墙暗管的墙槽深度宜为管道外径加 20～50mm，宽度宜为管道外径加 40～50mm。

（5）架空管道管顶上部的净空不宜小于 200mm。

（6）明装管道的外壁或管道保温层外表面与装饰墙面的净距离宜为 10mm。

（7）薄壁不锈钢管、铜管与阀门、水表、水龙头等的连接应采用转换接头。严禁在薄壁不锈钢水管、薄壁铜管上套丝。

（8）进户管与水表的接口不得埋设，并应采用可拆卸的连接方式。

（9）当管道系统与供水设备连接时，其接口处应采用可拆卸的连接方式。

（10）安装管道时不得强制矫正。安装完毕的管线应横平竖直，不得有明显的起伏、弯曲等现象，管道外壁应无损伤。

（11）管道暗敷时管道应进行外防腐；管道应在试压合格和隐蔽工程验收后方可封蔽；当管道敷设在垫层内时，应在找平层上设置明显的管道位置标志。

（12）当建筑给水金属管道与其他管道平行安装时，安全距离应符合设计的要求，当设计无规定时，其净距不宜小于100mm。

2.1.7 支、吊架安装

（1）建筑给水金属管道系统应设置固定支架或活动支架。管道支、吊、托架的安装应符合下列要求：

1）管道支、吊、托架的位置应正确，埋设应平整牢固。

2）固定支架与管道的接触应紧密，固定应牢靠。

3）滑动支架应灵活，滑托与滑槽两侧间应留有3～5mm的间隙，位移量应符合设计的要求。

4）无热伸长管道的吊架、吊杆应垂直安装。

5）有热伸长管道的吊架、吊杆应向热膨胀的反方向偏移。

6）固定在建筑结构上的管道支、吊架不得影响结构的安全。

（2）钢管和铜管的管道支、吊架间距应符合上述1.7.2中的有关规定。

（3）热水管道固定支架的间距应根据管线热胀量、膨胀节允许补偿量等确定。固定支架宜设置在变径、分支、接口及穿越承重墙、楼板等处的两侧。

（4）薄壁不锈钢管道固定支架的间距不宜大于15m。薄壁不锈钢管活动支架的间距可按表2-13确定。

薄壁不锈钢管道活动支架的最大间距（mm）　表 2-13

公称尺寸 DN	10～15	20～25	32～40	50～65	80～125	150～200
水平管	1000	1500	2000	2500	3000	3500
立管	1500	2000	2500	3000	3500	4000

（5）管道立管管卡的安装应符合下列要求：

1）当楼层高度小于或等于 5m 时，每层的每根管道必须安装不少于 1 个管卡。

2）当楼层高度大于 5m 时，每层的每根管道安装的管卡不得少于 2 个。

3）当每层的每根管道安装 2 个以上管卡时，安装位置应匀称。

4）管卡的安装高度应距地面 1.5～1.8m，且同一房间的管卡应安装在同一高度上。

（6）当管道公称直径不大于 25mm 时，可采用塑料管卡。

（7）当不锈钢管、铜管采用碳钢金属管卡或吊架时，金属管卡或吊架与管道之间应采用塑料带或橡胶等软物隔垫。

（8）铜管的固定支架应采用铜套管式固定支架。

（9）铜管道的支承件宜采用铜合金制品。当采用钢件支架时，管道与支架之间应设柔性隔垫，隔垫不得对管道产生腐蚀。

（10）在给水栓和配水点处应采用金属管卡或吊架固定，管卡或吊架宜设置在距配件 40～80mm 处。

（11）当管道采用沟槽式连接时，应在下列位置增设固定支架：

1）进水立管的管道底部。

2）管道的三通、四通、弯头等管件的部位。

3）立管的自由长度较长而需要支承立管重量的部位。

4）管道设置补偿器，需要控制管道伸缩的部位。

2.1.8 管道试验、冲洗和消毒

（1）室内给水管道水压试验、热水供应系统水压试验、小区及厂区的室外给水管道水压试验应符合现行国家标准《建筑给水排水及采暖工程施工质量验收规范》GB 50242 的规定。

（2）当在温度低于 5℃ 的环境下进行水压试验和通水能力检验时，应采取可靠的防冻措施，试验结束后应将管道内的存水排尽。

（3）消防给水系统的金属管水压试验应符合国家现行消防标准的有关规定。

（4）管道的通水能力试验应在管道接通水源和安装好配水器材后进行。

（5）通水能力试验时应对配水点作逐点放水试验，每个配水点的流量应稳定正常，然后应按设计要求开启足够数量的配水点，其流量应达到额定的配水量。

（6）生活饮用水管道在试压合格后，应按规定在竣工验收前进行冲洗消毒，并应符合现行国家标准《建筑给水排水及采暖工程施工质量验收规范》GB 50242 和《给水排水管道工程施工及验收规范》GB 50268 的有关规定。

2.2 建筑给水塑料管道安装

本节适用于新建、扩建、改建的民用及工业建筑生活给水（包括管道直饮水）塑料管道工程的施工。其中冷水管道长期工作温度不应大于 40℃、最大工作压力不应大于 1.00MPa；热水管道长期工作温度不应大于 70℃、最大工作压力不应大于 0.60MPa。

建筑给水塑料管道具有耐腐蚀、使用寿命长、安全卫生、输水水质稳定、不产生污染、产品生产及输水能耗小、施工安装功效高等特点。塑料管包括以下几种：

（1）聚氯乙烯（PVC）类：硬聚氯乙烯（PVC-U）管、聚氯乙烯物理改性（PVC-M）管、聚氯乙烯化学改性（AGR）管、氯化聚氯乙烯（PVC-C）管。

（2）聚烯烃（PO）类：聚乙烯（PE80、PE100）管、聚乙烯改性的交联聚乙烯（PE-X）管、耐热聚乙烯（PE-RT）管、聚丙烯（PP-R）管及聚丁烯（PB）管。

（3）丙烯腈-丁二烯-苯乙烯共聚物（ABS）管。

2.2.1 管道煨弯

弯曲塑料管道的方法主要采用热煨，加热的方法通常采用的是灌冷砂法与灌热砂法。

（1）灌冷砂法：将细的河砂晾干后，灌入塑料管内，然后用电烘箱或蒸汽烘箱加热。为了缩短加热时间，也可在塑料管的待弯曲部位灌入温度约80℃的热砂，其他部位灌入冷砂。在加热时要使管道加热均匀，为此应经常将管道进行转动，若管道较长，从烘箱两侧转动管道时动作要协调，防止将已加热部分的管段扭伤。

（2）灌热砂法：将细砂加热到设计要求的温度，直接将热砂灌入塑料管内，用热砂将塑料管加热，管道加热的温度大致凭手感即知，当用手按在管壁上有柔软的感觉时就可以进行煨制操作。

将加热后的塑料管放在如图2-15所示模具上，靠自重即可弯曲成形。这种弯制方法只有管道的内侧受压，对于口径较大的塑料管极易产生凹瘪，为此，可采用图2-16所示三面受限的木模进行弯制。由于受力较均匀，煨管的质量较好，

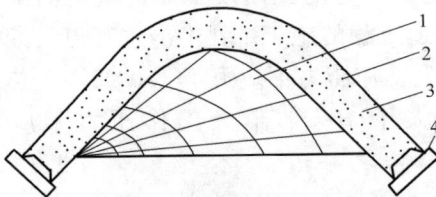

图2-15　塑料管弯制

1—木胎架；2—塑料管；3—砂子；4—管封头

操作也比较方便。对于需批量加工的弯头，也可用图 2-17 所示模压法弯制。煨制塑料管的模具一般用硬木制作，这样可避免因钢模吸热，使塑料管局部骤冷而影响弯管质量。

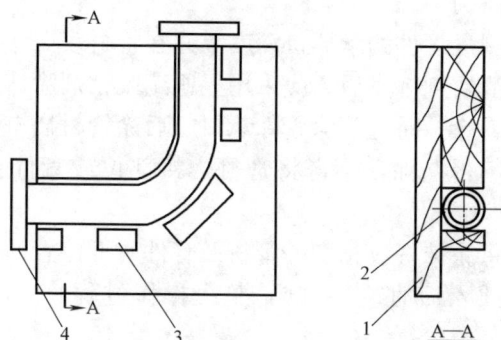

图 2-16　弯管木模
1—木模底板；2—塑料管；3—定位木块；4—封盖

2.2.2　管道连接

1. 承插粘结连接

　　承插粘结连接是将能溶解极性塑料管材、管件的溶剂型胶粘剂，涂刷在管材和承插管件的表面，使其溶解产生膨润，当管材插入管件后，溶剂挥发、表面干涸，形成一体的连接方式。

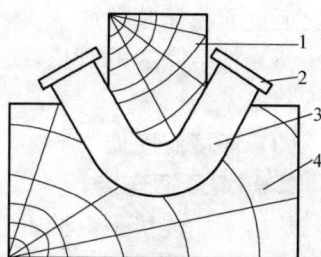

图 2-17　模压法弯管
1—顶模；2—封头；
3—塑料管；4—底模

　　管道粘结连接，应采用塑料管生产企业配套的胶粘剂，不同质管材应采用不同配方的胶粘剂，各类胶粘剂不得相互间混合。当胶粘剂需要调整黏度时，树脂粉的质量应符合生产管材或管件的原料；有机溶剂应采用原配置胶粘剂的化学纯试剂，不得使用含苯的溶剂；调整后的胶粘剂不得降低原有胶粘剂粘结的力学性能。

（1）管材端面应进行坡口，坡口角度不宜小于 30°。

（2）管材、管件连接部位的表面应无污物，不得将管材或管件浸入在清洁剂中。

（3）应测量管件的承插口深度，并在管材表面作出标记。

（4）待清洁剂挥发后，应采用鬃刷蘸胶粘剂涂抹管材及管件承插口部位，涂抹时应先涂管件承口、后涂管材插口，由里向外均匀涂抹、不得漏涂，不得将管材连接部位或管件在胶粘剂中浸沾。

（5）应将涂抹好胶粘剂的管材及管件对准位置并一次插入到标记位置，插入后宜旋转 90°，整个操作过程宜在 30～40s 内完成。

（6）粘结结束后，应及时将残留在承插口口部的多余胶粘剂擦净。

（7）当涂抹的胶粘剂部分干涸时，应清除干涸表面，再按本条规定重新涂抹胶粘剂。

（8）粘结完成的管道，1h 内不宜搬运，且应在 24h 后进行试压。

（9）环境温度低于−10℃时，不宜进行粘结连接。

2. 热熔承插连接

热熔承插连接是由材质、材性相同的聚烯烃类塑料管道管材与管件相连接时，采用专用热熔工具分别对连接部位表面加热熔融，将管材插入管件承口，冷却后连接成为一个整体的连接方式。

（1）管材连接端部应进行坡口，坡口角度不宜小于 30°。

（2）应清理管材、管件连接和热熔连接加热器工具表面的污物。

（3）应测量管件的承插口深度，并在管材表面作出标记。

（4）对管材的外表面和管件的内表面应采用热熔工具加热，加热温度、时间等技术参数应符合相应要求。

（5）加热结束后应迅速脱离加热工具，并以均匀的外力将管材插入管件承插口内至管材标志线，再适当用力使管件承口的端部形成完整的凸缘后结束。

（6）完成连接的连接件应免受外力，并进行自然冷却。

（7）管径大于 75mm 时，宜在台式工具上进行连接。

3. 热熔对接连接

热熔对接连接是由材质、材性相同的聚烯烃材料制作的管材与管件、管材与管材，用专用的台式焊接工具，端部经加工后同时加热，使其表面熔化，连接时经轴向挤压，冷却后成为一体的连接方式。

（1）热熔对接过程应在专用的台式工具上进行。

（2）连接前应先对台式工具进行检查和校正，连接件上架后应在同一轴线上，端面错边不得大于管壁厚度的 10%。

（3）应采用台架上的铣刀对管材及管件的对接面铣切，铣切面应光滑、平整、相互间吻合并垂直轴线。

（4）应擦拭台架上的加热板，板面和管材、管件的端面，应确保其表面清洁无污。

（5）应采用台架上的加热板对焊件端面进行加热，加热时间和要求应符合相应要求。

（6）加热结束，应迅速移出加热板，并对两个加热面均匀加压，加压后应使连接部位内外周边形成均匀的"∞"形凸缘。

（7）完成连接的连接件应免受外力，并进行自然冷却。

4. 电熔连接

电熔连接是聚烯烃管件的承口内嵌有电热金属丝，将同种材质、相同管径管材连接部位表层，用专用工具刮除后，插入管件，经专用设备对管件电热金属丝通电加热，使管材与管件的结合部位表面熔合，冷却后连成一体的连接方式。

（1）应检查电熔电源装置，确保设备正常工作。

（2）应测量管件承插口的深度，并在管材表面作出标记。

（3）应采用专用工具刮除管材连接部位表层，刮除表面时应周到均匀。

（4）应对管材端面坡口，坡角不宜小于 60°。

（5）应采用清洁干布擦净管材连接表面，当表面有油污时，应采用清洁干布蘸丙酮或 95％无水酒精擦拭。

（6）通电电压、电流及通电时间应符合相应要求。

（7）通电结束后应移出电源插头并自然冷却。

5. 机械连接

由耐腐蚀金属材料或增强塑料制成的管件，用常用工具进行机械紧固的连接方法。机械连接方法有法兰、卡箍、卡压、卡套、挤压夹紧等。管径小于及等于 25mm，宜采用卡箍式、卡套式或锥面卡套式连接，管径大于 25mm 宜采用锥面卡套式或卡压式连接。

6. 弹性密封圈连接

弹性密封圈连接是在聚氯乙烯类给水管材或管件的承口，嵌入专用的双唇橡胶密封圈，管材插入管件后橡胶圈压缩起密封的连接方式。也可用于聚乙烯管道承插口，弹性密封圈连接不能承受轴向拉力或推力。

（1）管材连接端部宜进行坡口，坡口角度不宜小于 30°；坡口时去除部分不得大于 1/2 的管壁厚度。

（2）应测量承插口长度，并在管材表面作出标记。

（3）应擦净管材连接部位和承插口的内表面，检查嵌在承插口内橡胶圈的位置是否正确。

（4）在管材插入口表面应涂抹对管材和橡胶件不产生破坏作用、对水质无污染的润滑剂。

（5）沿轴向将管材插入管件内，冬季施工时宜预留 4 倍计算管段的轴向伸缩量，夏季施工时宜预留 2 倍计算管段的轴向伸缩量。

（6）管材插入管件后，应采用塞尺插入承口内壁与管材的空隙部位，检查管道施工后橡胶圈位置是否正确，当发现橡胶圈位置偏移时，应将管材拔出重新安装。

2.2.3 室内管道敷设及安装

1. 一般规定

（1）室内给水塑料管道敷设应待土建结构工程完工后进行，明装管道应在建筑饰面工程完工后进行，室内埋地管道应在地面混凝土面层施工前进行。管道安装宜先装立管，后装横管。

（2）进户埋地管道应分两次安装。当室内管道安装结束、伸出外墙 500～700mm 时，应暂停施工并及时封堵管口，待室外管道施工时再进行镶接。

（3）管径小于 40mm 明敷的支管或配水管，安装完成后的支架应保证管道与装饰面净距离不大于 20mm；管道坡度应符合设计要求。

（4）室外明露管道应按设计要求采取绝热保温措施，绝热保温应采用轻质发泡材料，表面保护层应采用耐候性能优良的材料。

2. 室内埋地管道敷设

（1）管道敷设应在地面夯实后重新开挖管槽敷管。

（2）管槽回填时，管道周边不得含有尖硬的物体和大颗粒的石块，并应填充厚度不小于 7mm 的砂层。

（3）管顶覆土深度不应小于 300mm。

（4）管道穿出室内底层地坪时，立管根部应护套金属管，套管顶部离地坪完成面不宜小于 100mm，套管内径不应大于管材外径 15mm，套管底部应在地面施工时坐落在地面的面层内。

（5）安装结束，管道周围不得受外力作用或堆放重物。

（6）当室内有可能产生冰冻时，应敷设在冰冻线以下。

3. 穿越楼层的管道安装

（1）应检查预留孔洞及套管位置、孔径及顺通情况。

（2）立管安装宜自下而上逐层进行。

（3）管道穿过孔洞或金属套管时不得损坏管材表面，当发现管材表面有明显的刻痕、划伤应及时进行更换管段。

（4）应复测横管与立管的连接部位的标高，并应在立管上作出标记，确定横管的甩口方向。

（5）管材、管件连接可制作预制件分段安装。

（6）管道就位时，应用木楔作临时固定，检查符合设计要求后设置固定支架或滑动支架。

（7）孔洞封堵：系统试压合格后，结合穿越部位的楼面防渗漏措施，对立管与楼板的环形空隙部位，应浇筑细石混凝土；浇筑时应采用 C20 细石混凝土分二次填实，第一次浇筑厚度宜为楼板厚度的 2/3，待强度达到 50％后，再嵌实其余的 1/3 部位，细石混凝土浇筑前楼板底应支模，混凝土浇筑后底部不得凸出板面。

（8）明敷于公共区域的立管应按设计要求设置保护管。

4. 管径大于 40mm 的非埋设横管的安装

（1）应根据建筑构造和设计要求进行布管，并在墙面作出标记。

（2）应根据设计要求确定固定支架和滑动支架的位置，并在墙上作出标记。

（3）应根据设计要求的坡度，安装固定支架和滑动支架。

（4）当采用预制组合管道安装时，应及时用支架固定管道。

（5）对弹性密封圈连接的管道，应正确量出承口位置并安装固定支架，再在固定支架间安装滑动支架；管道转弯位置应设挡墩，挡墩应承受推力。

（6）管道抱箍宜采用内表面光洁的金属制品。

5. 墙体埋设管道安装

（1）管径不宜大于 25mm，且应采用整支管段。

（2）聚烯烃类热水管和铝塑复合管，表面宜有护套管。

（3）管槽内应设置管卡，管卡间距不宜大于 1200mm，在转弯管段两端均应设置管卡。

（4）管道应通过水压试验及隐蔽工程验收。

（5）隐蔽工程验收合格后，应及时进行填补管槽。管槽填补应采用 M10 水泥砂浆，填实过程宜分 2 次进行，第一次应先填管件、管卡和转弯管段，再填至管材表面，待水泥砂浆达到 50％强度后进行第二次填补，填补后应与墙面或地面齐平。

2.2.4　分水器供水管道安装

（1）分水器供水管道安装，应在地面找平层施工或墙面粉饰前进行。

（2）沿砖墙面敷设的立管，应开凿管槽，管槽深度应保证管道安装结束后，水泥砂浆保护面层厚度不小于 10mm（不包括装饰面）。当设计未预留时，竖向开槽宽度不得大于 250mm。

（3）当分水器和管道安装在地面时，不得在其周围堆放重物、生火取暖，不得损坏管道。

（4）分水器应根据设计要求布置，分水器应固定在顶板、混凝土底板或墙体上，定位后应设置管卡。

（5）分水器配水口的甩口方向应符合设计要求。

（6）布管时应避免管道交叉并以合理的距离和走向到达配水点，管道转弯半径不应小于 10 倍管材外径。

（7）应采用管卡固定管道，直线管段管卡间距宜为 1000～1200mm，转弯管段弯曲部位两端均应设置管卡。

（8）施工过程中应防止管壁受损，安装结束应及时封堵管口。

（9）系统应进行试压、通水试验，试验合格后应进行隐蔽工程验收。

（10）管路系统经隐蔽工程验收合格后，地面管道及墙槽应采用 M10 水泥砂浆包覆填实，包覆宽度不宜小于 150～200mm，管顶覆盖厚度不宜小于 20～25mm。

（11）埋设的管道在建筑饰面工程结束前，宜在地坪或墙面的表面作出管路走向标记。

2.2.5 支、吊架安装

（1）塑料管道系统因水温或环境温度变化而产生轴向膨胀时，应设置固定和滑动支架。

（2）室内管道系统在下列部位应设置固定支承或支架：

1）管道采用弹性密封圈连接的部位。

2）立管有横管接出时，立管上的分支部位。

3）自由臂计算管段的下游一侧。

（3）横管直线管段固定支架的最大间距以及冷、热水管道明敷或暗设的支吊架最大间距应符合设计和上述 1.7.2 中的有关规定。

（4）管径大于 25mm 的金属材质的阀门及其他管道附件应设置独立支架。

（5）管道不得作为其他管道、设备或附件的支承件，不得用于其他管道的拉、攀、吊等的受力件。

2.2.6 水压试验

根据施工进程，水压试验可分段进行，但必须在整体管道系统合拢前再进行一次水压试验。

（1）试验压力应为最大工作压力的 1.5 倍，且不得小于 0.60MPa。

（2）室内管道系统水压试验应符合设计规定，当设计无注明时应按下列步骤进行：

1）将试压管段的各配水点进行封堵，缓慢注水，同时将管内的空气排出。

2）管道系统充满水后，对系统进行水密性检查。

3）水密性检查无渗漏后，对系统进行加压，加压宜采用手揿泵缓慢升压，升压时间不应小于 10min。

4）升压到规定的试验压力后，停止加压，稳压 1h，压力降不得超过 0.05MPa。

5）在最大工作压力 1.15 倍状态下稳压 2h，压力降不得超过 0.03MPa，同时检查各连接处，不得有渗漏。

（3）管道试压完成后应将管道内存水放空，管道在交付使用前，应进行冲洗和消毒，并经有关卫生部门取样检验，检验后的水质应符合现行国家标准《生活饮用水卫生标准》GB 5749 的有关规定。

（4）水压试验合格后，应填写水压试验记录，资料应签字归档。

2.3 建筑给水复合管道安装

本节适用于新建、扩建和改建的民用和工业建筑给水复合管道工程施工。复合管存在与塑料管的交叉，也存在与金属管的交叉（如塑覆铜管、覆塑不锈钢管），本节复合管的范畴：钢塑复合管（SP 管）（包括衬塑钢管、涂塑钢管和外覆塑复合管）、钢塑复合压力管（PSP 管）、不锈钢塑料复合管（SNP 管）、钢骨架塑料（聚乙烯）复合管（包括钢丝网骨架塑料复合管和钢板孔网塑料复合管）、铝塑复合管（铝塑复合压力管）（PAP 管）、塑铝稳态管（塑铝稳态复合管）（PE/A/P 管）、内衬不锈钢复合钢管（BCP 管，又称 BCP 双金属复合管）。

2.3.1 复合管加工及配管

1. 盘卷式铝塑复合管的调直、剪切和弯曲

（1）管道公称直径不大于 25mm 的盘卷式铝塑复合管，可采用手工直接调直。对管道公称直径为 32mm 的盘卷式铝塑复合管，当用手工调直时应选择平整的场地；将管道固定，滚动盘卷向前延伸；然后压直管道，再用手工调直。

（2）铝塑复合管的剪切应使用专用管剪或切管器。

（3）铝塑复合管的弯曲应将弯管弹簧塞或弯管器放入管内拟弯曲部位；然后用手均匀、缓慢施力于管道至弯曲，弯曲半径应

大于或等于 5 倍的管道外径；当弹簧塞或弯管器长度不够时，可采用钢丝接驳延长。

2. 塑铝稳态管的截管、卷削

（1）塑铝稳态管的截管时截断工具应与管材轴线垂直；管材截断后，应将管材端面的毛刺和碎屑清除干净。

（2）卷削器应采用 PP-R/PE-RT 稳态管卷削器，并应符合下列要求：

1）公称直径为 20～32mm 的管材，可采用带内导柱的手动卷削器或电动卷削器。

2）公称直径为 40～63mm 的管材，宜采用电动卷削器。

3）公称直径为大于 63mm 的管材，宜采用电动卷削器或卷削机。

（3）将 PP-R 稳态管和 PE-RT 塑铝稳态管推入卷削器的卷削孔内卷削，卷削器出料槽中应有均匀的铝塑屑旋出。

（4）在卷削时，管材端的截面应触到卷削器的内孔顶部。

（5）塑铝稳态管的卷削尺寸应符合表 2-14 的规定。

塑铝稳态管的卷削尺寸　　　　　　　　表 2-14

管道公称直径(mm)	卷削尺寸(mm)	
	内管最小卷削深度	卷削后的内管外径
20	≥10.0	19.8～20.1
25	≥11.5	24.8～25.1
32	≥14.0	31.8～32.1
40	≥16.0	39.8～40.1
50	≥19.0	49.9～50.1
63	≥23.0	62.9～63.1
75	≥26.5	74.9～75.1
90	≥31.0	89.8～90.1
110	≥37.0	109.8～110.1

3. 配管切割

管道系统按实测施工图进行配管；制定管材和管件的安装顺

序，进行预装配；外壁为碳钢管的建筑给水复合管，其配管应符合下列要求：

（1）截管工具宜采用专用切管器。

（2）在截管前应先确认管材无损伤、无变形。

（3）截管后的端面应平整，并应垂直于管轴线，切斜 e 要求如表 2-15 所示。

（4）截管后，管端的内外毛刺宜采用专用工具清除干净。

建筑给水复合管切斜　　　　　　　表 2-15

公称直径(mm)	切斜 e(mm)
≤20	≤0.5
25～40	≤0.6
50～80	≤0.8
100～150	≤1.2
≥200	≤1.5

4. 管道接口

（1）当采用熔接时，管道的结合面应有均匀的熔接圈，不得出现局部熔瘤或熔接圈凸凹不匀现象。

（2）当法兰连接时，衬垫不得凸入管内，其外边缘宜接近螺栓孔；不得采取放入双垫或偏垫的密封方式。法兰螺栓的直径和长度应符合相关标准，连接完成后，螺栓突出螺母的长度不应大于螺杆直径的 1/2。

（3）当螺纹连接时，管道连接后的管螺纹根部应有 2～3 扣的外露螺纹，多余的生料带应清理干净，并对接口处进行防腐处理。

（4）当卡箍（套）式连接时，两接口端应匹配、无缝隙，沟槽应均匀，卡箍（套）安装方向应一致，卡紧螺栓后管道应平直。

2.3.2　钢塑复合管连接

1. 钢塑复合管螺纹连接

（1）截管宜采用锯床，不得使用砂轮切割。

（2）套丝应采用自动套丝机，圆锥形管螺纹应符合现行国家标准《用螺纹密封的管螺纹》GB/T 7306 的规定。钢塑复合管螺纹连接的标准旋入牙数及标准紧固扭矩应符合表 2-16 的规定。

标准旋入牙数及标准紧固扭矩　　　　表 2-16

公称直径（mm）	旋入量		扭矩（N·m）	管钳规格（mm）× 施加的力（kN）
	长度（mm）	牙数		
15	11	6.0～6.5	40	350×0.15
20	13	6.5～7.0	60	350×0.25
25	15	6.0～6.5	100	450×0.30
32	17	7.0～7.5	120	450×0.35
40	18	7.0～7.5	150	600×0.30
50	20	9.0～9.5	200	600×0.40
65	23	10.0～10.5	250	900×0.35
80	27	11.5～12.0	300	900×0.40
100	33	13.5～14.0	400	1000×0.50
125	35	15.0～16.0	500	1000×0.60
150	35	15.0～16.0	600	1000×0.70

（3）在加工螺纹前衬塑管的管端应采用专用绞刀进行清理加工，将衬塑层按其厚度的 1/2 进行倒角，倒角坡度宜为 $10°～15°$；涂塑管应采用削刀削成内倒角。

（4）管端、管螺纹清理加工后，宜采用防锈密封胶和聚四氟乙烯生料带缠绕螺纹。

（5）连接完成后，外露的螺纹部分及所有钳痕和表面损伤的部位应涂防锈密封胶。

（6）用厌氧密封胶密封的管接头，养护期不得少于 24h，其间不得对其进行挪动或试压。

（7）钢塑复合管不得与阀门直接连接，应采用黄铜质内衬塑的内外螺纹专用过渡管接头。

（8）钢塑复合管不得与给水栓直接连接，应采用黄铜质专用内螺纹管接头。

（9）钢塑复合管与铜管、塑料管连接时应采用专用过渡接头。

（10）当采用内衬塑的内外螺纹专用过渡接头与其他材质的管配件、附件连接时，应在外螺纹的端部采取防腐处理。

2. 钢塑复合管沟槽连接

（1）管材切口表面应平整，无裂缝、凹凸、缩口、熔渣、氧化物，并打磨光滑。

（2）沟槽加工前，应清除加工部位表面的油漆、铁锈、碎屑等污物。

（3）沟槽宜采用切削加工机成型，也可用专用滚槽机进行加工。切削加工机或滚槽机具应有限位装置。

（4）沟槽加工时，管段端面应与加工机具止面贴紧，管轴线与加工机具止面应垂直。在切削加工或滚槽机滚压沟槽过程中，管段不得出现纵向位移和角位移。

（5）加工一个沟槽的时间不宜小于表 2-17 的规定。

加工一个沟槽的时间　　　　　　　表 2-17

公称直径 DN (mm)	50	65	80	100	125	150	200	250	300
加工时间 (min)	>2	>2	>2.5	>2.5	>3	>3	>4	>5	>6

（6）切削加工机或滚槽机滚压成型的沟槽应符合下列要求：

1）管端至沟槽段的表面应平整，无凹凸、无滚痕。

2）沟槽圆心应与管壁同心，沟槽宽度和深度应符合国家现行相关标准的规定。

3）不得损坏管道的镀锌层及内壁的各种涂层和内衬层。

4）滚槽时，沟槽外径不得大于规定值。

（7）沟槽连接方式可适用于公称直径不小于 65mm 的涂（衬）塑钢管的连接。

（8）沟槽式管接头的工作压力应与管道工作压力相匹配。

（9）用于输送热水的沟槽式管接头应采用耐温型橡胶密封圈。用于饮用净水管道的橡胶材质应符合现行设计和相关国家标准的规定。

（10）涂塑复合钢管的沟槽连接，宜用于现场测量，工厂预涂塑加工，现场安装的方式。

（11）管段在涂塑前应压制标准沟槽。

（12）管段涂塑除应涂敷内壁外，还应涂敷管口端和管端外壁与橡胶密封圈接触部位。

（13）对衬塑复合钢管应采用预制的沟槽式涂塑管件。

（14）衬（涂）塑复合钢管的沟槽连接应按下列程序进行：

1）应用游标卡尺检查管材、管件的沟槽是否符合要求，以及卡箍件的型号是否正确。

2）检查橡胶密封圈是否匹配，在橡胶密封圈上涂抹润滑剂，连接时应先将橡胶密封圈安装在接口中间部位，并将其套在一侧管端；定位后，再套上另一侧管端。

3）润滑剂可采用肥皂水或洗洁剂，不得使用油脂润滑剂。

4）将卡箍套在胶圈外，并将卡箍边缘嵌入沟槽内。

5）压紧卡箍件至端面闭合后，立刻安紧紧固件，并应均匀拧紧螺栓。

6）在安装卡箍件过程中，应目测检查橡胶密封圈，不得起皱。

3. 钢塑复合管卡箍式连接

（1）安装前应对管端进行清理，除去碰缺、划痕、毛刺和污垢。

（2）清除管材及管端焊缝处的铁锈及油漆。

（3）安装时，管端与管材应保持同轴，同时将端面垂直于中轴线。

（4）端管端口应采用单边 V 形坡口，单面连续与管材对焊，焊缝不得有气孔、夹渣、裂纹及未焊透等缺陷。

（5）焊好管端的管材应清除管内杂物，并将密封面清理光滑，不得有污物和划痕。

（6）连接前，在管材密封面、卡箍内腔、两耳结合面、螺栓的螺纹部分应涂敷对橡胶密封圈无害的润滑脂。

（7）连接时，管材两管端间应留一定间隙，将密封圈安装并调整到适中位置，上紧螺栓。两侧螺栓应均匀受力，并不得咬伤密封圈。

4. 钢塑复合管法兰连接

（1）当在现场配接法兰时应符合下列要求：

1）当公称直径小于或等于 150mm 时，应采用内衬塑凸面带颈螺纹钢制管法兰。被连接的钢塑复合管上应绞螺纹密封用的管螺纹，其牙型应符合现行国家标准《用螺纹密封的管螺纹》GB/T 7306 的规定。

2）当公称直径大于 150mm 时，应采用凸面板式平焊钢法兰。

（2）钢塑复合管法兰连接可采取一次安装法或二次安装法。当采用二次安装法时，现场安装的管段、管件、阀件和法兰盘均应打上钢印编号。

（3）法兰的压力等级应与管道的工作压力相匹配。

（4）法兰盘面应平整、无裂纹，密封面上不得有斑疤、砂眼及辐射状沟纹，螺孔位置应准确，上螺母的端部应平整。

（5）当采用法兰连接时，法兰盘间的橡胶垫圈应符合下列要求：

1）材质应均匀，厚薄应一致，应无老化、无皱纹。当采用非整体垫片时，应粘接良好、拼缝平整。

2）当管道公称直径小于或等于 600mm 时垫圈厚度宜采用 3～4mm，当管道公称直径大于或等于 700mm 时垫圈厚度宜采用 5～6mm。

3）垫圈内径应等于法兰内径，当管道公称直径小于或等于 150 时允许偏差值为 +3mm，当管道公称直径大于或等于

200mm 时允许偏差值为+5mm。

4）垫圈外径应与法兰密封面外缘相齐，不应超过螺栓孔。

（6）当进行法兰连接时，应先将法兰密封面清理干净，垫圈放置平正。管道公称直径大于 600mm 的法兰和使用拼粘垫片的法兰，均应在两法兰密封面上各涂一道铅油。

（7）所有螺栓及螺母应点涂机油，对称、均匀地拧紧。

5. 钢塑复合压力管双热熔连接

（1）管材应采用断管器切割，断管后应去除管口处的毛刺。

（2）管道公称直径小于或等于 32mm 时，管口整圆应符合下列要求：

1）应选择与管材口径同规格的夹瓦，并按照夹瓦上的螺旋线按次序装在整圆夹槽内。

2）应将夹瓦锁紧螺旋模头旋转到工具上。

3）应将管材穿过夹瓦圆孔，同时旋转夹瓦锁紧螺旋模头紧固管材。

4）应旋转整圆模头一侧的手柄，将模头缓慢地推入管材内壁，并使整圆模头完全进入管材端口。

5）应反方向旋转手柄，将模头退出管材，松开夹瓦，将整圆模头取出管材。

（3）当管道公称直径大于或等于 40mm，且不大于 110mm 时，管口应采用双热熔手动熔接机或双热熔液压熔接机进行整圆，并应符合下列要求：

1）当采用双热熔手动熔接机进行整圆时，应按下列程序进行：

① 将整圆模头座安装在卡瓦上，旋上相应规格的整圆模头。

② 将管材装夹安装在固定卡瓦上，并退至起始位置。

③ 将管材装夹在手动热熔机卡瓦座上，管材端口应贴靠整圆模头，且管材与整圆模头应保持同心。

④ 旋转进退丝杆上的专用扳手，整圆模头进入管材端口进行整圆，当整圆模头完全进入管材端口时，再反向旋转专用扳

手，然后退出整圆模头到原位。

2）当采用双热熔液压熔接机进行整圆时，应按下列程序进行：

① 将配套的整圆模头通过卡瓦紧固在双热熔液压熔接机设备的中段，将管道通过卡瓦紧固在另外一侧。当管道较长时，应在管道另一端使用管托进行支撑，支撑高度应使管道保持水平。

② 操作电动液压装置，使整圆模头均匀、缓慢地进入管材内并达到规定的深度。

③ 再次操作电动液压装置，将模头退出，松开卡瓦取出管材。

（4）管道连接前应清洁管材、管件的熔接部位，然后用画线板和记号笔在管材端标记出外层熔接深度。

（5）钢塑复合压力管双热熔连接的熔接温度、加热时间和熔接后冷却时间等有关熔接工艺参数应符合表 2-18 的规定。

双热熔钢塑管件熔接工艺参数 表 2-18

项目	管道公称直径(mm)									
	20	25	32	40	50	63	75	90	110	160
外层熔接深度 (mm)	10	10	10	10	12	14	15	17	20	28
熔接温度 (℃)	210±10	210±10	210±10	260±10	260±10	260±10	260±10	260±10	260±10	260±10
最短加热 时间(s)	25	35	40	30	35	45	50	60	70	90
最长转换 时间(s)	4	4	4	5	5	6	6	8	8	8
最短冷却 时间(s)	120	120	180	180	180	180	180	180	180	180

注：本表所对应的环境温度为23℃，当施工环境温度低于该温度，应适当延长加热时间（15%～20%），通过观察"熔池瘤"形成情况来确定加热时间，缩短转换时间，热熔焊瘤均匀、饱满即达到焊接要求。

（6）双热熔连接必须采用钢塑复合压力管专用模头。热熔完成后，当模头有粘料时必须及时清理干净后方可使用；当模头上粘料清理不净或表面涂层破损时必须更换模头。

（7）当管道公称直径小于或等于 32mm 时，管道连接应符合下列要求：

1）通电加热双热熔熔接工具，待熔接模头表面温度达到熔接温度时方可进行熔接。

2）当熔接达到加热时间及效果时，应立即将管材与管件从模头上取下，迅速无旋转地沿轴线方向承插到所标识深度，并保持一定压力，待连接处自然冷却固定，形成均匀的热熔焊瘤。

3）熔接承插过程中严禁旋转被接管道。

（8）当管道公称直径大于或等于 40mm，且不大于 110mm 时，管道连接应符合下列要求：

1）应将与管材规格配套的双热熔模头安装在双热熔手动熔接机上，接通电源使焊接器升温至绿灯亮时即达到 210℃熔接温度，方可进行熔接。

2）应将管材、过渡接头（或法兰）分别在卡瓦内固定好，管材、管件之间应留出热熔焊接的操作距离。

3）将达到规定热熔温度的焊接器放在支架盒内，凹模和凸模的方向应正确。

4）双手匀速、缓慢的向前推动连杆，待管材、过渡接头均插入模头至规定深度，并达到规定的加热时间后，观察加热处熔池，当加热处形成约 2mm 厚的熔池时，加热完成。

5）快速向后拉动连杆，使管材、过渡接头退出加热模头，同时取下焊接器，并向前推动连杆在最短转换时间内，将管材插入过渡接头（或法兰）承口内，并保持一定压力，待连接处自然冷却固定。

2.3.3　钢骨架塑料复合管连接

1. 钢骨架塑料复合管电熔连接

（1）管材和管件的承插式和套筒式电熔连接，应采用管材厂提供的设备，并在厂方技术人员指导下进行操作。

（2）管材的连接端面应与管道轴线垂直。

（3）连接前，应采用洁净棉絮擦净连接面上的污物，采用专用工具刮除插入连接面的氧化层，并保持连接面不受潮。

（4）在管材表面上应标出管的插入深度。插入后，松紧度应符合电热熔连接的要求。

（5）通电前应进行下列检查：

1）被连接件应在同一轴线上。

2）导线连接应正确。

3）导线截面积和电源容量应与电熔焊机匹配。

4）加热电压（或加热电流）和加热时间应符合电热熔管件焊接规定的参数。

（6）加热完成后，连接件必须自然冷却。在熔合及冷却过程中，不得移动、转动接头的部位及两侧的管道，不得在连接部位和管道上施加任何压力。

（7）对管材端面裸露的无表面镀层的钢丝，应进行防渗密封处理。

2. 钢骨架塑料复合管法兰连接

（1）管材应根据承口深度正确断料。管材端口应平整、光滑、无毛刺，不锈钢面层应向管材圆心方向收口。

（2）连接前应检查管道法兰连接用的活套法兰、螺栓等钢制品和密封件的规格尺寸应与管材配套，并应清理污物，钢制品宜涂抹机油或油脂。

（3）密封件必须设置在管端面的密封凹槽内。当管材、管件采用管材端口径向密封时，管材端面嵌入的橡胶圈应紧固、压缩。其压缩变形程度应控制在插入管件时保持一定阻力，不宜有松弛现象。

（4）安装时两法兰面应相互平行并与管道轴线垂直。

（5）螺孔和螺栓的直径应配套，螺栓长度应一致，螺母应在同一侧。

（6）紧固法兰前，被连接件应在同一轴线上。

（7）紧固螺栓时应按对称顺序分次均匀紧固，螺栓拧紧后宜伸出螺母 1～3 扣。

（8）法兰连接应沿管道纵向顺序进行。当拧紧法兰接头的螺栓时，应防止管道纵向出现轴向拉力。

2.3.4 不锈钢塑料复合管连接

1. 不锈钢塑料复合管复合连接

（1）不锈钢塑料复合管应采用复合连接，塑料内层应采用热熔连接，金属外层应采用卡压式连接。

（2）在需拆卸部位和施工环境不便于热熔卡压连接时，可采用热熔活接。当采用热熔活接时，应依次将螺母、卡圈和垫圈套在管材上，再进行热熔连接。

（3）管材切割后，其端面应垂直于管道轴线，并应去除端面的毛边和毛刺。

（4）连接端面必须清洁、干燥，无尘土、油污等污物。

（5）热熔工具达到工作温度后方能开始连接，并应符合下列要求：

1）当管材管件的公称直径小于或等于 32mm 时，工作温度宜为 200～230℃。

2）当管材管件的公称直径大于或等于 40mm 时，工作温度宜为 250℃。

（6）应无旋转地把管端推到加热头上，插入到所标志的深度，同时，应无旋转地把管件导入加热套内，达到规定标志处。

（7）加热、熔接、冷却时间可按表 2-19 的规定执行。

（8）当环境温度低于 5℃时，加热时间应延长 40%。

（9）达到加热时间后，应立即把管材与管件从加热套与加热头上同时取下，并迅速无旋转地直线均匀插入到所标深度开始连接，插入时应使被连接两端的管材或管件同轴。

不锈钢塑料复合管复合连接时加热、熔接、冷却时间

表 2-19

工序	公称外径(mm)									
	20	25	32	40	50	63	75	90	110	160
加热时间(s)	4	4	6	10	15	20	25	30	40	50
熔接时间(s)	3	3	4	6	6	6	10	10	15	15
冷却时间(min)	3	3	4	4	5	6	8	8	10	12

（10）在规定的加热时间内，刚熔接好的接头可对位置进行校正，但不得旋转。

（11）冷却后，应采用专用卡压工具进行卡压。

2. 不锈钢塑料复合管热熔法兰连接

（1）应将不锈钢法兰盘、卡圈、垫圈套在不锈钢塑料管上，然后进行热熔。

（2）复合塑料（PE）挡套与管道热熔连接步骤应符合热熔要求。

（3）应校正两对应的连接件，使连接的两片法兰垂直于管道的中心线，且表面相互平行。

（4）法兰间应衬垫耐热无毒橡胶垫片。

（5）螺栓、螺母宜采用不锈钢件，其规格应相同。螺母应对称紧固在同一侧，法兰紧固好后螺栓应露出螺母。

（6）连接管道的长度应准确。当紧固法兰时，不应使管道产生轴向拉力。

（7）法兰连接部位应设置支吊架。

2.3.5 铝塑复合管连接

1. 铝塑复合管卡压式、卡套式连接

（1）铝塑复合管的连接应按调直、截管、倒角、整圆、连接的步骤进行。

（2）铝塑复合管的卡压式连接应按下列步骤进行：

1）在卡压式管件的凹槽上嵌上橡胶密封圈。

2）在管件上套上定位挡圈和夹套。

3）对铝塑复合管管材端口进行倒角整圆。

4）将管材插入已倒角整圆的铝塑复合管管材端部，插到夹套根部位置。

5）用卡压工具压紧夹套。

（3）铝塑复合管卡套式连接应按下列步骤进行：

1）将锁紧螺母、C形紧箍环套在管上。

2）用力将管件芯体插入管内，至管口达管件芯体根部。

3）将C形紧箍环移至管件、管材连接处。

4）再将锁紧螺母与管件本体拧紧。

2. 铝塑复合管热熔连接

（1）铝塑复合管的热熔连接应按截管、整圆、连接的步骤进行。

（2）铝塑复合管的热熔连接的截管、整圆应符合下列要求：

1）截管应使用管剪或切管器。

2）切割时应剪平管段的端面，且不得有椭圆现象。

3）管道整圆应使用倒角整圆器。

（3）将热熔器接通电源，发热板到达工作温度后，应将管材、管件无旋转地插入模头至定标线处。铝塑复合管热熔最小承插深度和加热、熔接、冷却时间可按表2-20的规定执行。

铝塑复合管热熔最小承插深度和加热、熔接、冷却时间

表 2-20

工序	公称外径(mm)			
	16	20	25	32
最小承插深度(mm)	11.0	12.3	13.5	15.0
加热时间(s)	4	5	7	8
熔接时间(s)	4	4	4	4
冷却时间(min)	2	3	3	4

（4）当环境温度低于5℃时，加热时间应延长50%。

（5）管材管件从熔接器上取出，应迅速、平稳、无旋转地插入到规定位置，从观察孔见到管材或有熔瘤挤出为合格。

（6）熔接后必须冷却，在没有充分冷却前，应避免受扭、受弯和受拉。

2.3.6 塑铝稳态管连接

1. 塑铝稳态管熔接连接

（1）在熔接之前，应将管道连接面的铝层清除干净。

（2）管材和管件的连接加热应使用塑铝稳态管专用模头。

（3）连接时，应先将管件插入热熔模头，待管件被热熔深度达到规定深度的50%时，再将管材插入热熔模头，且应使管件和管材同时插至模头底部。

（4）管材热熔深度、加热温度、加热时间等工艺参数应符合表2-21的规定；在加热时间内，应用手或焊机夹具保持管材和管件相对静止不动。

管材热熔深度、加热温度、加热时间等工艺参数 表2-21

项目	管道公称直径(mm)								
	20	25	32	40	50	63	75	90	110
内管最小热熔深度(mm)	10	11.5	14	16	19	23	26.5	31	37
塑铝复合层热熔深度(mm)	2～3	2～3	2～3	2～3	2～3	2～3	2～3	2～3	2～3
加热温度(℃)	210±10	210±10	210±10	260±10	260±10	260±10	260±10	260±10	260±10
加热时间(s)	8	10	11	31	39	50	59	70	90
最长切换时间(s)	4	4	6	6	6	8	8	8	10

项目	管道公称直径(mm)								
	20	25	32	40	50	63	75	90	110
保持时间 （s）	15	15	20	20	30	30	40	40	50
最短冷却时间 （min）	2	2	4	4	4	6	6	6	6

注：1. 本表所对应的环境温度为 23℃。在施工过程中，应根据环境温度变化等实际情况，适当延长加热时间、缩短转换时间。

2. 加热时间可通过观察加热过程中熔池溢料"凸缘"的形成情况来确定，若熔池溢料"凸缘"均匀，饱满即达到熔接时间要求。

（5）当达到加热时间后，应立即将管材与管件从加热模头上同时取下，并迅速将管材沿直线方向匀速插入管件内，外层 PE-RT 应熔进管件 2～3mm。

（6）热熔连接时，当模头上有粘料残留应及时清理。当清理不净或模头涂层破损时应及时更换。

（7）在熔接过程中，可轴线方向校正接头，但不得旋转。

（8）当 PE-RT 管与 PP-R 管连接时，应采用转换管件进行热熔连接。

2. 塑铝稳态管法兰连接

（1）应将无规共聚聚丙烯（PP-R）塑铝稳态管和耐热聚乙烯（PE-RT）塑铝稳态管专用金属法兰盘套在管材上。两个法兰面应垂直于管道轴线，并相互平行。

（2）法兰紧固件宜采用金属材质，其规格应与法兰配套。

（3）安装时螺栓方向应一致，对称紧固，紧固后的螺栓不得低于螺母。

（4）连接管道的长度应准确。当紧固法兰时，不应使管道产生轴向拉力。

（5）法兰连接的两边，应设置固定支墩、固定支、吊架等。

（6）在连接蝶阀前，应验证蝶阀能完全打开。当不能完全打开时必须更换阀门或采用沟槽式管件连接。

2.3.7 内衬不锈钢复合钢管连接

1. 内衬不锈钢复合钢管螺纹连接

（1）管道切割应采用电动圆锯机、电动带锯机、砂轮切割机等机械切割方法。

（2）切割端面应去除毛刺，并采用砂轮磨光。

（3）套丝应采用自动套丝机，套丝后应将金属管端的毛边修光，并清除管端和螺纹内的污物。

（4）对管端、管螺纹清理后，可采用防锈密封胶和聚四氟乙烯生料带缠绕螺纹进行防腐、密封处理。连接前应在管端上标记拧入深度。

（5）用螺纹连接的管道可采用给水衬塑可锻铸铁管件、衬不锈钢可锻铸铁管件、镀合金可锻铸铁管件、不锈钢管件。

（6）管材与有内衬的可锻铸铁管件连接前，应检查管件内密封圈的位置。连接时，可先采用手工将管端螺纹拧入管件，在确认管件承口已拧入管端螺纹丝扣后，再用管钳拧紧管材的连接接头。拧紧螺纹时不得逆向旋转。

（7）连接完成后，管材与管件连接处外露的螺纹、钳痕和表面损伤处，均应涂防腐胶或缠绕防腐密封带。

（8）当在接头处采用厌氧密封胶做密封处理时，养护时间不得少于24h，养护期间不得试压。

（9）当内衬不锈钢复合钢管与给水栓、卫生器具和设备附件相连接时，应采用由管材生产厂提供的不锈钢或黄铜的专用配套内螺纹管接头。

2. 内衬不锈钢复合钢管沟槽式连接

（1）沟槽式管接头的工作压力等级应与管道系统的工作压力相同。

（2）管道系统应采用配套的沟槽式管件和附件。

（3）管材切割、沟槽加工、支管接头和安装等应符合国家现行相关标准的规定。

3. 内衬不锈钢复合钢管法兰连接

(1) 法兰的压力等级应与管道系统的工作压力相同。

(2) 法兰与螺栓必须由管材生产厂配套提供。

(3) 安装法兰的管端的端面必须垂直于管道轴线。

(4) 当管端采用突面板式法兰连接时,应对管端进行清理。

(5) 当采用法兰连接时,垫片和垫圈必须配套,且位置正确。

(6) 安装时螺栓方向应一致,对称紧固,紧固后的螺栓不得低于螺母。

(7) 连接管道的长度应准确。当紧固法兰时,不应使管道产生轴向拉力。

4. 内衬不锈钢复合钢管焊接连接

(1) 焊接前的准备工作应符合下列要求:

1) 管材切割和焊接坡口的加工应采用机械方法。

2) 切割面应与管道轴线垂直,表面应平整光滑,无毛刺、飞边;焊接的坡口形式和尺寸应符合设计和现行国家标准《工业金属管道工程施工规范》GB 50235 的规定。

3) 管端组对前应将坡口内外表面距管口不小于 10mm 范围内的污物、毛刺以及镀锌层等清理干净,且不得有裂纹、夹层等缺陷。

4) 管道对接焊口的组对应做到内壁齐平,内壁错边量不宜超过不锈钢内衬的厚度,且不应大于 1.2mm。

5) 焊条在使用前应按规定进行烘干,使用过程中应保持干燥,焊条使用前应清除表面的油污等杂质。

(2) 管道的焊接应符合下列要求:

1) 定位焊缝应采用与根部焊道相同的焊接材料和焊接工艺。

2) 钢管宜采用手工电弧焊,对管内清洁要求较高且焊接后不易清理的管道,其焊缝底层应采用氩弧焊。

3) 当采用底层氩弧焊焊接时,焊管内应充氩气。

4）手工氩弧焊应采用直流电源正接法，在保证焊缝良好熔合的条件下，宜采用多层小电流施焊。

（3）对内衬不锈钢复合钢管，应采用 309 焊条先对不锈钢部分和不锈钢与碳钢的过渡部分进行施焊；焊接碳钢部分，应采用普通碳钢焊条用电弧焊焊接。

2.3.8 涂塑钢管现场补口及修补

1. 涂塑钢管现场补口

（1）补口应在水压试验前进行。

（2）补口区域在喷涂之前应进行喷射除锈处理。

（3）喷射除锈后应清除补口处的灰尘和水分，同时将焊接时飞溅形成的尖点修平。

（4）管端补口搭接处 15mm 宽度范围内的涂层应打磨粗糙，并清洁表面。

（5）应以拟定的喷涂工艺，在试验管段上进行补口试喷，直至涂层质量符合规定要求。

（6）宜采用与涂塑钢管相同的材料进行热喷涂，喷涂应保证固化温度要求。

（7）补口处喷涂厚度应与管体涂层厚度相同，与管体涂层搭边不应小于 25mm。

（8）喷涂后应对补口施工的头一道口进行现场附着力检验和厚度检验。

（9）补口后应对补口的外观、厚度和漏点进行检测。

2. 涂塑钢管修补

（1）当涂塑钢管在运输、搬运、装卸、施工安装过程中造成涂层局部缺损时，必须对涂层缺陷进行修补，并应符合下列要求：

1）可采用手工或现场涂层修补设备进行修补。

2）缺陷部位的污垢和其他杂质及松脱的涂层应清除干净。

3）应将缺陷部位打磨成粗糙面，并将锈斑、污垢、灰尘等杂质清除干净。

4）公称直径小于或等于 25mm 的管道，缺陷部位宜使用同等物料进行局部修补。

5）当管道公称直径大于 25mm 且缺陷面积小于 250cm^2 时，缺陷部位宜使用双组分环氧树脂涂料或聚乙烯粉末进行局部修补。

6）现场涂层修补设备可适用于公称直径为 50～800mm 的涂塑钢管，每次修复时间宜为 2～10min；涂层修补可采用聚乙烯（PE）或环氧树脂（EP）。

7）所修补的涂层应满足涂塑钢管出厂检验的相关要求。

（2）涂塑钢管受机械损伤涂层厚度减薄，当损伤部位的厚度小于正常厚度的 70% 时，必须对减薄的涂层进行修补。

（3）涂塑钢管施工完成后应采用电火花检漏仪对管道进行检查，对缺损处的涂层必须进行修补。

2.3.9 管道敷设

（1）穿墙壁、楼板及嵌墙暗敷管道，应配合土建工程预留孔、槽，预留孔或开槽的尺寸应符合下列要求：

1）预留孔的直径宜大于管道的外径 50～100mm。

2）嵌墙暗管的墙槽深度宜为管道外径加 20～50mm，宽度宜为管道外径加 40～50mm。

3）横管嵌墙暗敷时，预留的管槽应经结构计算；未经结构专业许可，严禁在墙体开凿长度大于 300mm 的横向管槽。

（2）管道穿过地下室或地下构筑物外墙时，应采取防水措施。对有防水要求的建筑物，必须采用柔性防水套管。管道穿过墙壁和楼板，宜设置金属或塑料套管，并应符合下列要求：

1）安装在卫生间及厨房内的套管，其顶部应高出装饰地面 50mm，安装在其他楼板内的套管，其顶部应高出装饰地面 20mm，套管底部应与楼板底面相平。套管与管道之间缝隙应采用阻燃密实材料和防水油膏填实，且端面应抹光滑。

2）安装在墙壁内的套管，其两端应与饰面相平。套管与管道之间缝隙宜采用阻燃密实材料填实，且端面应抹光滑。

3）管道的接口不得设在套管内。

（3）管道安装应横平竖直，不得有明显的起伏、弯曲等现象，管道外壁应无损伤。

（4）管道敷设时，不得有轴向弯曲和扭曲，穿过墙或楼板时不得强制校正。当与其他管道平行安装时，安全距离应符合设计的要求，当设计无规定时，其净距不宜小于100mm。

（5）管道明敷时，应在土建工程完毕后进行安装。安装前，应先复核预留孔洞的位置是否正确。成排明敷管道时，各条管道应互相平行，弯管部分的曲率半径应一致。对明装管道，其外壁距装饰墙面的距离应符合下列要求：

1）管道公称直径为10～25mm时，应小于或等于40mm。

2）管道公称直径为32～65mm时，应小于或等于50mm。

（6）架空管道的管顶上部的净空不宜小于200mm。

（7）暗装管道距离墙面的净距离，应根据管道支架的安装要求和管道的固定要求等条件确定。管道暗敷时应对管道外壁采取防腐措施。暗敷的管道应在封蔽墙面前，做好试压和隐蔽工程的验收记录。

（8）管道穿过结构伸缩缝、防震缝及沉降缝时，应采取下列保护措施：

1）在墙体两侧采取柔性连接。

2）在管道或保温层外皮的上、下部应留有不小于150mm的净空。

3）在穿墙处应水平安装成方形补偿器。

（9）复合管与阀门、水表、水龙头等设施的连接应采用转换接头。

（10）分水器和分水器配水管道的施工应符合国家相关标准的要求。

（11）管道及管道支墩（座），严禁铺设在冻土和未经处理的松土上。

2.3.10 支、吊架安装

（1）建筑给水复合管道系统应按设计规定设置固定支架或滑动支架。建筑给水复合管道支、吊架间距应符合下列要求：

1）外壁为钢管的偏刚性复合管，其间距应符合设计和上述1.7.2中的有关规定。

2）中性复合管和偏塑性复合管，其间距应符合设计和上述1.7.2中的有关规定。

（2）建筑给水复合管道支、吊、托架的安装应符合下列要求：

1）位置应正确，埋设应平整牢固。

2）固定支架与管道的接触应紧密，固定应牢靠。

3）滑动支架应灵活，滑托与滑槽两侧间应留有 3～5mm 的间隙，纵向位移量应符合设计要求。

4）无热伸长管道的吊架、吊杆应垂直安装。

5）有热伸长管道的吊架、吊杆应向热膨胀的反方向偏移。

6）固定在建筑结构上的管道支、吊架不得影响结构的安全。

（3）钢塑复合管、内衬不锈钢复合钢管和管道立管的管卡安装应符合下列要求：

1）当楼层高度小于或等于 5m 时，每层的每根管道必须安装不少于 1 个管卡。

2）当楼层高度大于 5m 时，每层的每根管道必须安装的管卡不得少于 2 个。

3）当每层的每根管道安装 2 个以上管卡时，安装位置应匀称。

4）管卡安装高度应距地面 1.5～1.8m，且同一房间的管卡应安装在同一高度上。

（4）外壁为塑料层的复合管道，当采用金属制作的管道支架时，应在管道与支架间衬垫非金属垫片或套管。

（5）当管道采用沟槽式连接时，应在下列位置增设固定支架：

1）进水立管的底部。

2）立管接出支管的三通、四通、弯头的部位。

3）立管的自由长度较长而需要支承立管重量的部位。

4）横管接出支管与支管接头、三通、四通、弯头等管件连接的部位。

5）管道设置补偿器，需要控制管道伸缩的部位。

2.3.11 管道试验、冲洗和消毒

（1）建筑给水复合管道中偏刚性复合管的水压试验应符合现行国家标准《建筑给水排水及采暖工程施工质量验收规范》GB 50242 金属管的检验方法；偏塑性复合管应符合塑料管检验方法；中性复合管应符合复合管检验方法。

（2）当在温度低于 5℃ 的环境下进行水压试验和通水能力检验时，应采取可靠的防冻措施。试验结束后应将管道内的存水排尽。

（3）消防给水系统的复合管水压试验应符合国家现行消防标准的有关规定。

（4）管道的通水能力试验应在管道接通水源和安装好配水器后进行。

（5）通水能力试验时应对配水点做逐点放水试验，每个配水点的流量应稳定正常，然后应按设计要求开启足够数量的配水点，其流量应达到额定的配水量。

（6）生活饮用水管道在试压合格后，应按规定在竣工验收前进行冲洗消毒，并应符合现行国家标准《建筑给水排水及采暖工程施工质量验收规范》GB 50242 和《给水排水管道工程施工及验收规范》GB 50268 的有关规定。

3 建筑排水管道安装

小区室外排水管道，应优先采用埋地排水塑料管；建筑内部排水管道应采用建筑排水塑料管及管件或柔性接口机制排水铸铁管及相应管件；当连续排水温度大于 40℃时，应采用金属排水管或耐热塑料排水管；压力排水管道可采用耐压塑料管、金属管或钢塑复合管。

3.1 建筑排水金属管道

本节适用于新建、扩建和改建的工业和民用建筑中对金属无侵蚀作用的污废水管道、通气管道、空调冷凝水管道、雨水管道等排水工程的施工。

建筑排水金属管道具有强度高、寿命长、耐热、耐寒、隔声好、抗震（因大多数金属排水管已采用柔性连接）的优点，被广泛应用在建筑排水管道工程。建筑排水金属管道主要指柔性接口排水铸铁管、碳素钢管（焊接钢管、无缝钢管）、球墨铸铁管、不锈钢管。

3.1.1 金属管道切割

铸铁管材应采用机械方法切割，不得采用火焰切割；切割时，其切口端面应与管轴线相垂直，并将切口处打磨光滑。当切割直径不大于 300mm 的球墨铸铁管时，应使用直径 500mm 的无齿锯直接转动切割，严禁使用电焊烧割。

碳素钢管宜采用机械方法切割；当采用火焰切割时，应清除表面的氧化物；不锈钢管应采用机械方法或等离子方法切割。管材切割后，切口表面应平整，并应与管的中心线垂直。

3. 1. 2　铸铁管连接

1. 排水铸铁管的卡箍式柔性接口连接

卡箍式柔性接口：直管和管件端口均为平口。连接时，将两相邻管端外壁安装上内置橡胶密封套的不锈钢卡箍，用紧固卡箍上的螺栓来箍紧两管端，同时挤压橡胶密封套以达到密封的要求，如图 3-1 所示。

卡箍由不锈钢加工成型的圆环状连接件，内置橡胶密封套，用于平口铸铁管（件）的接口连接。操作卡箍上的螺栓可进行紧固或拆卸。

（1）安装前应先将直管及管件内外表面粘结的污垢、杂物和接口处外壁的泥沙等附着物清理干净。

（2）用工具松开卡箍螺栓，取出橡胶密封套。

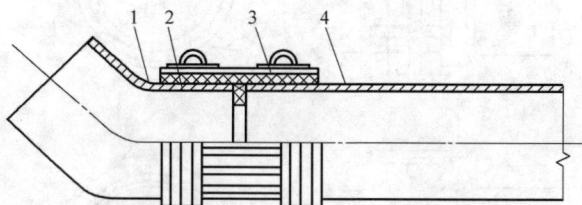

图 3-1　铸铁管卡箍式接口连接示意图

1—无承口管件；2—密封橡胶套；3—不锈钢卡箍；4—无承口直管

（3）将卡箍套入接口下端的直管或管件上，将橡胶密封套套入下端管口处，使管口顶端与橡胶密封套内的挡圈紧密结合。

（4）将橡胶密封套上半部向下翻转。

（5）把直管或管件插入已翻转的橡胶密封套，将管口的顶端与套内的另一侧挡圈贴紧。调整位置，使接口处的两端处于同一轴线上，将已翻转的橡胶密封套复位。

（6）将橡胶密封套的外表面擦拭干净，用支（吊）架初步固定管道。

（7）将卡箍套在橡胶密封套外，使卡箍紧固螺栓的一侧朝向墙或墙角的外侧，交替锁紧卡箍螺栓，使卡箍缝隙间隙一致。

（8）调整并紧固支（吊）架螺栓，将管道固定。

2. 排水铸铁管的法兰机械式柔性接口连接

法兰机械式柔性接口以直管和管件的一端为带法兰盘的承口，另一端为插口，将插口置入与之连接的直管或管件的承口内，用螺栓紧固承口法兰和安装在插口处的法兰压盖，挤压设置在两者中间的密封橡胶圈，以达到连接和密封的要求，如图 3-2所示。

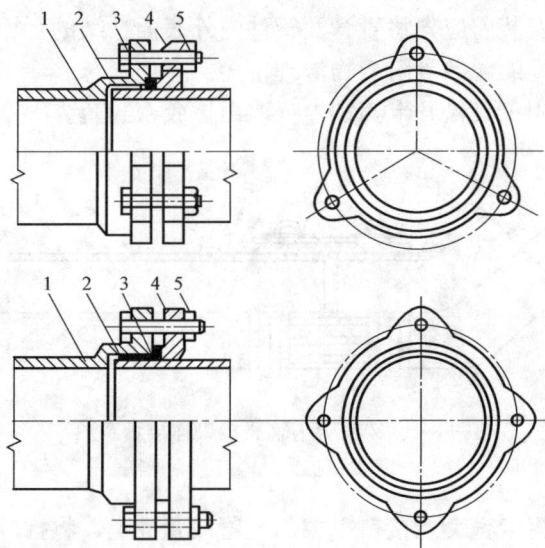

图 3-2　铸铁管法兰机械式接口连接示意图

1—承口；2—插口；3—密封橡胶圈；4—法兰压盖；5—螺栓螺母

法兰压盖：安装于柔性接口插口端与承口端的法兰盘连接的配件，是用于挤压和固定插入承口的密封橡胶圈的专用组件，按管径大小不同，法兰压盖的紧固螺栓孔有 3 孔、4 孔、6 孔和8 孔。

法兰机械式柔性接口排水铸铁管和 K 形接口排水球墨铸铁管的连接步骤如下：

（1）安装前，应将直管及管件内外表面粘结的污垢、杂物及承口、插口、法兰压盖结合面上的泥沙等附着物清除干净。

（2）按承口的深度，在插口上画出安装线，使插入的深度与承口的实际深度间留有 5mm 安装空隙，以保证管道的柔性抗震性能。

（3）在插口端先套入法兰压盖，相继再套入橡胶密封圈，使胶圈小头朝承口方向，大头与安装线对齐。

（4）将直管或管件的插口端插入承口，插入管与承口管的轴线应在同一直线上，橡胶密封圈应均匀紧贴在承口的倒角上。

（5）将法兰压盖与承口处法兰盘上的螺孔对正，紧固连接螺栓，使橡胶密封圈均匀受力，三孔压盖应交替拧紧，四孔或多孔压盖应按对角线方向依次逐步拧紧。

（6）调整并紧固支（吊）架螺栓，将管道固定。

3. 排水球墨铸铁管的 K 形接口连接

球墨铸铁管 K 形接口连接，如图 3-3 所示。操作步骤参见上述"排水铸铁管的法兰机械式柔性接口"中相关内容。

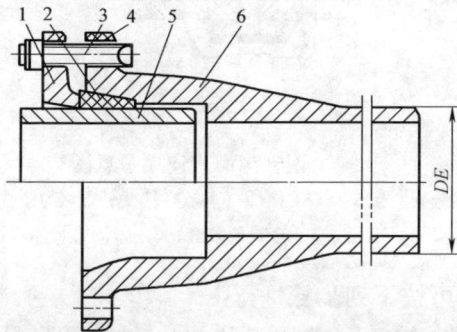

图 3-3　球墨铸铁管 K 形接口连接示意图

1—压兰；2—胶圈；3—螺栓；4—螺母；

5—管体插口；6—管体承口

3.1.3 碳素钢管的连接

1. 沟槽式连接

钢管沟槽式连接：钢管端部的连接部位，有一垂直于管轴线、径向内凹的环形沟槽，将带沟槽的两管端同时插入内置橡胶圈的金属卡套中，用螺栓锁紧卡套，将钢管连接和密封，如图3-4 所示。

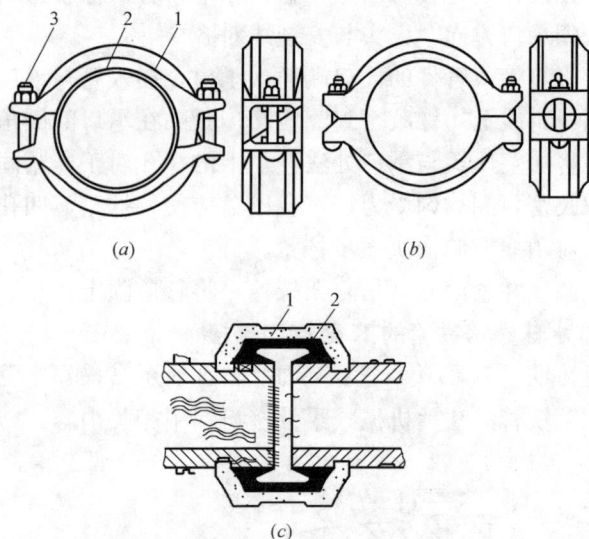

(a)　　　　　　　　　　(b)

(c)

图 3-4　钢管沟槽式连接示意图

(a) 刚性（卡箍）接头；(b) 挠性（卡箍）接头；(c) 沟槽式接头剖面

1—卡套；2—密封橡胶套；3—紧固螺栓

连接操作可按下列步骤进行：

（1）检查沟槽，沟槽加工的深度和宽度尺寸应符合相关要求。

（2）组装卡套，将橡胶密封套涂抹润滑剂后，置入卡套内。

（3）适量松开卡套螺栓，将管端插入卡套内，保持插入管两端的轴线在同一条直线上。

（4）拧紧卡套上的螺栓，卡套内缘应卡进沟槽内。

2. 法兰连接

当建筑排水用钢管采用法兰连接时，法兰平面应垂直于管道中心线，两个法兰的表面应相互平行，紧固螺栓的方向应一致。

3.1.4 不锈钢管的连接

1. 单向承插式氩弧焊连接

（1）建筑排水不锈钢管件分为单向承插焊接连接和对接焊接连接，应符合下列要求：

1）不锈钢管焊接宜采用氩弧焊、手工电焊，当壁厚大于4.0mm时宜采用钨极氩弧焊打底焊条电弧焊盖面的焊接工艺。

2）不锈钢管采用氩弧焊时，环境温度不应低于－5℃，当低于－5℃时，应采取预热措施。

3）不锈钢管焊接完成后，应及时对焊缝表面及周围进行酸洗钝化处理。

（2）焊丝的材质应优于管材和管件，焊接时宜按表3-1选用相应牌号的焊丝。

焊丝选用　　　　　　　　　　　　　　　　表 3-1

管材牌号（代号）	焊丝牌号	焊条
06Cr19Ni10（S30408）	H08Cr21Ni10	E308、E308H
022Cr19Ni10（S30403）	H03Cr21Ni10	E308L、E308MoL
06Cr17Ni12Mo2（S31608）	H03Cr21Ni11Mo2	E316、E316H
022Cr17Ni2Mo2（S31603）	H04Cr20Ni11Mo2	E316L
奥氏体＋铁素体	H03Cr22Ni8Mo3N	E2209

（3）单向承插式氩弧焊连接，如图3-5所示。其操作步骤如下：

1）管道在插入管件前，需检查管材、管件端部不应有毛刺、油脂、油漆、沙粒、污物黏滞。

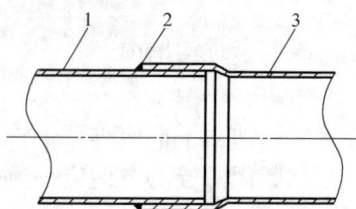

图 3-5　单向承插式氩弧焊连接
1—管材；2—焊缝；3—管件

2）将管材插入管件承口，抵住承口的底部，使用钨极氩弧焊（TIG 焊）在承口端部对称点焊 3～4 点起定位作用。

3）以承口边代替焊丝，以钨极氩弧焊在承口端部做环状一圈的焊接，焊缝平滑、完全融合，无气孔、裂纹、焊穿等缺陷。

4）对焊缝表面采用机械抛光或以专用清洗剂去除焊缝回火色。

（4）不锈钢管在焊接的过程中，应采用小电流、快焊速的操作办法，其焊接工艺参数应符合表 3-2 的规定。

承插式氩弧焊焊接工艺参数推荐值　表 3-2

壁厚 （mm）	钨极直径 （mm）	电流范围 （A）	气体流量 （L/min）	钨极干伸长 （mm）	钨极到焊件的距离（mm）	焊接速度 （cm/min）
1.0～1.5	φ1.6	30～50	6～8	3～5	0.5～1.6	8～10
2.0	φ1.6	50～70	8～10	3～5	1～1.6	8～10

2. 对接式氩弧焊连接

建筑排水不锈钢管道对接焊接连接，如图 3-6 所示。其连接步骤如下：

（1）焊接前，管材和管件的端部 50mm 范围内，不应有油脂、油漆、墨铅痕迹、沙粒和污物黏滞。

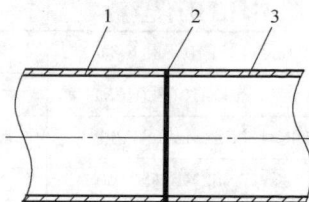

图 3-6　对接焊连接
1—管材；2—焊缝；3—管件

（2）配管时，宜用砂轮切割机（切割片应专用）或等离子、激光切割钢管，切口应垂直平整，无裂纹、重皮、熔渣、毛刺，并整圆。

98

（3）管材与管件的施焊部位应开坡口，壁厚小于 3mm 时，宜制成直角或轻微倒角，坡口的形式和对边尺寸，如图 3-7 和表 3-3 所示。

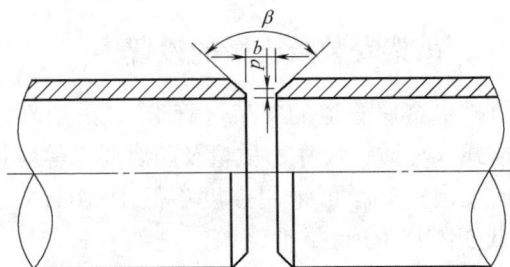

图 3-7　管材、管件施焊部位的坡口形式

坡口的形式和对边尺寸　　　　　　　　　　　　　　　　表 3-3

坡口角度 β	间隙 b（mm）	钝边 p（mm）
60°～70°	0～2	0～1

（4）在钨极氩弧焊（TIG 焊）之前，应按表 3-4 调节焊接工艺参数，在对接部位做一圈环状焊接。施焊时宜采用管内加惰性气体保护或填充材料对其进行保护。

对接式氩弧焊焊接工艺参数推荐值　　　　　　　表 3-4

壁厚（mm）	钨极直径（mm）	电流范围（A）	气体流量（L/min）	钨极干伸长（mm）	钨极到焊件的距离（mm）	焊接速度（cm/min）
2.0～2.5	$\phi 1.6$	160～200	8～10	3～5	2～2.5	6～8
3.0～4.0	$\phi 2.4$	180～250	8～10	3～5	2～2.5	6～8

3.1.5　铸铁管与塑料管或钢管连接

建筑排水柔性接口铸铁管与塑料管或钢管连接时，当两者外径相同时，可采用法兰机械式柔性接口排水铸铁管和 K 形接口排水球墨铸铁管的方法连接；当外径不同时，可按相应管径采用插入式或套筒式连接，或采用厂家的配套产品。连接处采用的密封填料，应满足密封要求。

卫生器具的排出管与柔性接口铸铁管的连接，与上述方法相同。

3.1.6 支架、吊架安装及支墩的设置

（1）建筑排水金属管道的支架（管卡）、吊架（托架）应为金属件，其形式、材质、尺寸、质量及防腐要求等应符合国家现行有关标准的规定；支墩可采用强度不低于 MU10 的砖砌筑或采用强度不低于 C15 的混凝土浇筑。支架（管卡）、吊架（托架）、支墩均不得设置在接口的断面部位。

（2）建筑排水金属管道的支架（管卡）、吊架（托架）的设置和安装应分别满足立管垂直度、横管弯曲和设计坡度的要求。两者安装应牢固、位置正确、与管道接触紧密，并不得损伤管道外表面。

（3）建筑排水金属管道的立管的支架（管卡）、横管的托架及预埋件必须固定或预埋在承重构件上。横管的吊架宜固定在楼板、梁和屋架上。多层和高层建筑的排水立管穿越楼板时，应用管卡固定，当有管井时，宜固定在楼板上；当无管井或有吊顶时，管卡宜固定在楼板下。

（4）建筑排水金属管道的重力流排水立管，除设管卡外，应每层设支架固定，支架的间距不得大于 3m，当层高小于 4m 时，可每层设一个支架。立管底部与排出管端部的连接处，应设置支墩等进行固定。柔性接口排水铸铁立管底部转弯处，可采用鸭脚弯头支撑，同时设置支墩等进行固定。

（5）建筑排水金属管道的重力流铸铁横管，每根直管必须安装一个或一个以上的吊架，两吊架的间距不得大于 2m。横管与每个管件（弯头、三通、四通等）的连接都应安装吊架，吊架与接口断面间的距离不宜大于 300mm。

（6）建筑排水金属管道的重力流铸铁横管的长度大于 12m

时，每12m必须设置一个防止水平位移的斜撑或用管卡固定的托架。

（7）建筑排水金属管道的钢管立管支架应每层设一个。

（8）建筑排水不锈钢管道支（吊）架的设置与安装应符合下列要求：

1）管道支（吊）架应能承受满流管道的重量和高速水流产生的作用力及管道热胀冷缩产生的轴向应力。金属固定件的里、外层均应做防腐处理，并符合国家现行有关标准的规定。

2）管道支（吊）架应固定在承重结构上，位置应正确，埋设应牢固，管卡或吊卡与管道接触应紧密，并不得损伤管道外表面。

3）管道支（吊）架间距，对横管不应大于表 3-5 的规定；对立管不应大于 3m，当楼层高度不大于 4m 时，立管可安装 1 个支架。

管道支（吊）架最大间距　　　　　　表 3-5

公称尺寸 DN（mm）	50	75	100	125	150	200	250	300
最大间距(m)	3	3	4	4	5	6	6	6

4）吊架用钢吊杆的直径应符合表 3-6 的规定。

吊架用钢吊杆直径　　　　　　表 3-6

公称尺寸(mm)	吊杆直径(mm)
≤100	≥10
125～200	≥12
250～300	≥16

（9）用于虹吸式屋面雨水排水管道系统的支、吊架的设置和安装，可按供货厂家的设计安装手册进行。

3.1.7　现场试验

（1）埋地及所有隐蔽的生活排水金属管道，在隐蔽前，根据工程进度必须做灌水试验或分层灌水试验，并应符合下列要求：

1）灌水高度不应低于该层卫生器具的上边缘或底层地面高度。

2）试验时应连续向试验管段灌水，直至达到稳定水面（即水面不再下降）。

3）达到稳定水面后，应继续观察15min，水面应不再下降，同时管道及接口应无渗漏，则为合格，同时应做好灌水试验记录。

（2）室内雨水管，应根据管材和建筑高度选择整段方式或分段方式进行灌水试验。整段试验时，灌水高度应达到立管上部的雨水斗。当灌水达到稳定水面后，观察1h，管道应无渗漏，即为合格，并应做好灌水试验记录。

（3）排水系统全部安装完毕，生活排水管、雨水管应分系统（区、段）进行通水试验。通水后，管道应流水通畅，不渗不漏，即为合格，同时做好通水试验记录。

（4）生活排水主立管和横干管均应做通球试验。通球的球径应不小于其管径的2/3，通球率必须达到100%，同时应做好通球试验记录。

（5）污水提升管可按给水压力管的试验要求进行水压试验，同时应做好水压试验记录。

3.2 建筑排水塑料管道安装

本节适用于建筑物高度不大于100m的新建、改建、扩建工业与民用建筑的生活排水、一般屋面雨水重力排水和家用空调机组的凝结水排水的塑料管道工程的施工。本节涉及的建筑排水塑料管道，按塑料组成材质、材性分类如下：

（1）聚氯乙烯（PVC）管材（或称极性塑料管材）：

建筑排水用硬聚氯乙烯（PVC-U）管，包括埋地管和外墙敷设的雨落水管，结构形式有直壁管、芯层发泡管、内壁螺旋排水管、硬聚氯乙烯（PVC-U）双层轴向中空壁管等；氯化聚氯乙烯（PVC-C）直壁管。

（2）聚烯烃（PO）管材（或称非极性塑料管材）：高密度聚乙烯（HDPE）管；聚丙烯（PP）管、聚丙烯复合管（俗称静音管）。

（3）共混材料管材：苯乙烯与聚氯乙烯共聚混合物（SAN＋PVC）管。

3.2.1 管道连接

管材、管件主要连接方法：

（1）承插式溶剂型胶粘剂粘结连接（一般为极性塑料）：聚氯乙烯类（PVC-U、PVC-C）、苯乙烯与聚氯乙烯共混管材（SNA＋PVC）。

（2）弹性密封圈连接、橡胶圈连接及插入式连接。

弹性密封圈连接的管道：硬聚氯乙烯（PVC-U）管。

橡胶圈连接：聚丙烯、聚丙烯复合管（俗称静音管）。

插入式连接管道：屋面雨水排水外墙敷设的雨落水管。

（3）热熔连接（包括承插式热熔连接、热熔对接及电熔管件连接）：聚乙烯管道的连接。

（4）机械连接：法兰、螺纹和承口管件连接，用于不同材料管道或管道与设备及五金件的连接。

1. 硬聚氯乙烯管承插粘结连接

（1）实测管材长度，采用细齿锯断料，并以专用工具对插口进行坡口；坡口角度宜为 $15°\sim30°$，端口的剩余厚度不应小于管材壁厚的 $1/2$。

（2）插口和承口的表面应采用清洁干布揩净；当发现有油腻等污物时，应采用无水酒精或丙酮擦拭干净。

管材或管件的粘合面有油污、灰尘、水渍或表面潮湿等，都会影响到粘结强度和密封性能，因此粘结前必须进行检查。并用软纸、细棉布或棉纱擦净，必要时还应用棉纱蘸酒精或丙酮揩擦干净。

（3）测量管件承插口深度，并在管材插口上标出插入深度的标记。

（4）在承口和插口上应采用鬃刷蘸胶粘剂涂抹，涂抹胶粘剂时，应先涂承口后涂插口，并由里向外均匀涂抹；胶量应适当，不得漏涂，不得将管材或管件浸入胶粘剂内。

（5）管材应一次性地插入管件承口，直到标记的位置，并旋转 90°；整个粘结过程宜在 20～30s 内完成。

（6）粘结工序结束后，应及时将残留在承口外部的胶粘剂揩擦干净。

（7）粘结部位 1h 内不宜受外力作用；高层建筑中采用粘结连接的室内雨水管道，在粘结后的 24h 内不得进行灌水试验。

（8）当遇气温较高的夏天或管径较大，胶粘剂易干固时，不宜采用中型或重型的胶粘剂。

（9）当冬季环境温度低于－10℃时，不宜进行粘结连接。

2. 橡胶密封圈连接

建筑塑料排水密封圈连接通常有两种形式，一是管材扩口部分或管件端部嵌 O 形圈（一般如聚丙烯管道），管材插入后，利用 O 形圈径向变形进行密封，这一类连接和密封形式称橡胶圈连接。二是管材扩口部分或管件端部嵌入双唇（R-R）橡胶圈。管材插入后，双唇胶圈产生变形，起密封及承压作用，用于压力管道系统，双唇（R-R）橡胶圈工况类同压力给水管，管内压力越高，密封性能越好。

（1）插口应采用专用工具进行坡口，坡口角度宜为 15°～30°，且端口的剩余厚度不应小于管材壁厚的 1/2。

（2）测量管件承口的有效长度，并应在管材的插口段作出标记。

（3）管材插口及管件承口连接面应擦拭干净，然后将胶圈放置到位，并应在橡胶圈内表面涂抹润滑剂。

（4）管材应沿轴线方向插入承口内，并采用人工的方法或管道紧伸器插入到位；对弹性密封圈连接的管道，插入的有效长度应余留 2～4 倍的管道伸缩量，其中夏期施工宜取 2 倍的管道伸缩量、冬期施工取 4 倍的管道伸缩量；伸缩量应按设计规定取值。

（5）管材插入管件后，应检查橡胶圈位置是否正确；当发现胶圈偏移时，应拔出重新安装。

3. 管材热熔承插连接

（1）管口应采用专用工具进行坡口，坡口角度宜为 $15°\sim 30°$。

（2）擦除管材、管件和加热工具表面的污物，并保持表面清洁。

（3）测量管件承口深度，并在管材插口上作出标记。

（4）将管材、管件插入加热工具，进行加热。

（5）加热结束，应迅速脱离加热器，并用均匀的外力将管材插入管件的承口中，直到管材表面的标记位置，然后自然冷却。

（6）管径大于 63mm 管道宜采用台式工具加热和连接。

4. 管材热熔对接连接

（1）热熔对接连接应在专用的连接设备上进行；管材、管件上架固定后应在同一轴线上，对接连接点两端面的错边量不得大于管壁厚度的 10%。

（2）管材、管件热熔对接的端面应进行铣切；铣切后的端面应相互吻合并与管道轴线垂直。

（3）应对连接设备上的加热板进行清理，然后将管材、管件的连接面移到加热板表面、通电加热。

（4）按规定时间加热结束后，应移去加热板，将对接端面进行轴向挤压对接，使对接部位的两支管端表面呈∞形的凸缘后焊接工序结束。

（5）将焊接件移出台架，静置冷却、免受外力。

5. 管材电熔连接

（1）管材的连接部位表层应采用专用工具刮除，且刮除深度不得超过 1mm。

（2）端口应进行坡口，坡口角度宜为 15°～30°。

（3）管材、管件连接部位的表面应擦净；应测量管件承口的深度，并在管材端部作出标记。

（4）将管材插入电熔管件或电熔套筒内，直到标记位置；然后，应采用配套的专用电源通电进行熔接，直至管件上的信号眼内嵌件突出；电熔连接结束，应切断电熔电源。

（5）切断电熔电源后应进行自然冷却，1h 后方可受力。

（6）施工过程中，已使用过的电熔管件不得再重复利用。

3.2.2　管道敷设

1. 一般规定

管道安装宜自下而上分层进行，立管具有上下连贯性，宜先装立管，后装横管，并作临时固定，以避免管道因自重而产生静荷载积累。管道安装告一段落时，应将敞口及时进行临时封堵，以防建筑垃圾进入管内，堵塞管道或造成排水不畅。

管道安装宜进行画线，保证立管的垂直度、横管的坡度。横管和立管的伸缩节安装应注意橡胶圈位置，严格防止胶圈顶偏、顶歪。伸缩节应注意施工时的季节，按规定预留管道纵向膨胀间隙的余量。

2. 楼层管道安装

（1）应检查各预留孔洞或预埋套管尺寸、位置是否正确顺通。

（2）应待土建墙面粉刷工序结束后，进行管道安装。

（3）管道安装工序宜自下而上进行，先安装立管，再安装横管，并应连续施工。

（4）应按管道系统的走向或坡度进行测量，并在墙上作出标记。

（5）对热熔连接的聚烯烃类管道系统，在施工过程中宜将管材、管件预制成系统组合件；预制前应进行实测，注明尺寸，绘制小样后制作管道组合件，制作时应注意管件的接口方向；管道组合件焊接结束，按图样核对管段间尺寸，检查无误后可对管道组合件进行安装。

（6）应按设计文件要求安装伸缩节和阻火圈。

（7）当管道安装中途暂停时，应及时对管口进行临时封堵。

（8）管道系统安装结束，应对管道的外观、支架、安装尺寸及环形空隙的封堵质量等进行检查，合格后方可进行通球、通水或灌水试验。

3. 立管的安装

（1）立管应按设计文件规定的位置在墙面作出标记，并应设置管道支架。

（2）立管安装时，应先将管道扶正并作临时固定；对粘结连接的管道系统，应按设计文件要求安装伸缩节；管道与伸缩节连接时，应先将管道插到伸缩节的底部，并在管道表面作出标记；在立管固定时，根据安装时环境温度，拉动伸缩节，使伸缩节与管道标志线之间预留 15~25mm 的伸缩量，其中冬季安装预留量取 25mm、夏季安装预留量取 15mm；伸缩节安装结束，应及时固定管道系统。

（3）在火势贯穿部位，应按设计文件要求安装阻火圈。

（4）立管和伸顶通气管、通气立管安装完毕，管道系统在支架固定后，必须封堵所穿越楼板或屋面的环形缝隙。

1）建筑排水塑料管道穿越屋面部位施工时管道与套管间的环形缝隙应采用防水胶泥或无机填料嵌实。

2）当建筑排水塑料管道穿越地下室外墙时，管道与套管间的环形缝隙应采用防水胶泥加无机填料嵌实，宽度不宜小于墙体厚度的 1/3，墙体两侧及其余部位应采用 M20 水泥砂浆嵌实填平。

（5）热熔连接的高密度聚乙烯管道系统中预制的组合管件，宜采用电熔套筒或电熔管件进行组装连接。

4. 横管的安装

（1）应将管道或预制管道组合件按设计文件规定的管径、管位就位，并临时吊挂，检查无误后再进行系统连接。

（2）管道或管道组合件粘结连接后应迅速摆正位置，按设计文件规定校正管道坡度，然后宜用钢丝临时固定，待粘结固化后再紧固支承件；非固定支承件或管卡，不宜卡得过紧。

（3）伸缩节的布置和安装应符合设计文件的规定。

（4）应在管道支承件或支架紧固后再拆除临时固定件，并将敞开管口临时封堵。

（5）墙洞的环形缝隙应采用 M20 水泥砂浆封堵。

5. 雨落水管、空调凝结水管安装

（1）应按设计文件要求对管道进行定位，并在墙面上作出标记。

（2）应根据雨落水管的形状选择管卡，并在墙面标记处埋设管卡。

（3）矩形断面雨落水管的连接宜采用带固定攀件的插入式管件，管件承口应朝上；安装时，下部管材插入端应预留 10～12mm 的伸缩间隙。

（4）圆形断面雨落水管当采用双承直通管件安装时，应先将承口粘结在管材上，当管材插入承口下部时，应留有 10～12mm 间隙。

（5）管道系统的安装宜由上而下进行。

（6）立管的顶部应按设计文件要求配置相应管径的落水斗，落水斗面与天沟底部净距宜为 200～250mm，天沟的排出管段应插入落水斗内 50～70mm。

3.2.3 埋地管道铺设

（1）室内埋地管道应在土建回填符合要求后铺设，并应按下列步骤进行：

1）应按设计文件要求进行放线定位，经复核无误后，开挖管沟至设计文件要求的深度。

2) 应按设计文件要求的坡度检查基础墙的各预留孔、洞是否顺通，尺寸是否符合要求。

3) 按各受水口位置及管道走向进行测量，并宜绘制实测小样图、注明详细尺寸及编号。

4) 按设计文件要求的管线坡度铺设垫层，然后敷设管道。

5) 管道铺设结束后应进行灌水试验，并应在隐蔽工程验收合格后及时回填。

6) 管沟回填土应采用细粒黏土或黄砂分层回填，先回填至管顶上方 200mm 处，经夯实后再回填至设计标高、夯实。

（2）埋地管道敷设前应平整沟底。当沟内遇有建筑废弃物、硬石、木头、垃圾等杂物时，必须清除干净，然后铺设一层厚100～150mm、宽度为管外径 2.5 倍的砂垫层，并应整平压实至设计标高。

（3）埋地管道铺设时，宜先铺设室内管道、再铺设室外管道。室内管道铺设至墙体外 250～350mm 处，并对管口进行封堵，待室外管道施工时再连接到检查井。

（4）当管道穿越建筑物基础时，应配合土建按设计文件要求施工。当设计文件无要求时，管顶上部预留净高不应小于 150mm。

（5）当管道穿越地下室外墙时，应采用带止水翼环的套管。管道与套管间隙的中心部位应采用防水胶泥嵌实，宽度不得小于200mm；间隙内外两侧再用 M20 水泥砂浆填实至墙面平齐。

（6）室外埋地管道安装完毕并灌水试验合格后，方可对管沟进行回填。管沟应分层回填夯实，每层厚度宜为 150mm，密实度应符合设计文件要求。

（7）当排出管与室外砖砌检查井连接时，管道端部应与井内壁相平；当采用硬聚氯乙烯管材时，应对井壁部位的连接管段涂抹胶粘剂、滚粘粗粒干燥黄砂处理。安装完毕后，在井外壁的管道周围采用 M20 水泥砂浆砌筑阻水圈。

（8）塑料检查井与管道宜采用橡胶密封圈连接。当检查井为硬聚氯乙烯材料且为承插式接口时，应采用硬聚氯乙烯排水管承插粘结连接。

3.2.4　支、吊架安装

（1）建筑排水塑料管道支吊架位置应按设计文件要求设置。立管在穿越楼板处应设固定支承点，并做好防渗漏水技术措施。设置在管道井或管窿内非封堵楼层的立管，应在汇合配件处设固定支承点。

（2）塑料冷水、热水排水管管道支架、吊架的间距应符合表3-7的规定。

塑料冷水、热水排水管管道支架、吊架的间距　　表 3-7

公称外径 DN（mm）			40	50	75	110	125	160
最大间距（m）	横管	冷水排水管	0.50	0.50	0.75	1.10	1.30	1.60
		热水排水管	0.35	0.35	0.50	0.80	1.00	1.25
	立管		1.20	1.20	1.50	2.00	2.00	2.50

（3）当横管采用橡胶密封圈连接时，承插口处必须设置固定支架，并在固定支架之间设置滑动支架且滑动支架间距应符合表3-7的规定。

（4）当高密度聚乙烯（HDPE）管道采用热熔连接时，宜采用全部固定支架的安装系统。

（5）管道支架的材料应符合下列要求：

1）当管卡采用非耐蚀金属材料时，其表面应经防锈处理；当管卡采用塑料材质时，应采取增强措施；金属管卡与管材或管件的接触部位宜用软垫物进行隔离。

2）沿海地区室外敷设雨污水管道宜选用不锈钢或增强塑料制作的管卡。

（6）粘结连接的管道系统，在管道转弯部位的两端应分别设置管卡，管卡中心与弯管中心的间距宜符合表3-8的规定。

转弯管道管卡中心与弯管中心的最大间距　　表 3-8

管道公称外径 DN（mm）	管卡中心与弯管中心的间距(mm)
≤40	≤200
40<DN≤50	≤250
50<DN≤75	≤375
75<DN≤110	≤550
110<DN≤125	≤625
≥160	≤1000

3.2.5　管道试验

（1）埋地管道安装完毕后，必须进行灌水试验。灌水试验时，灌水高度不得低于底层室内的地坪高度；灌满水后观察15min，应以液面不下降为合格。试验结束应将管道内的水排尽，并应封堵各受水口。

（2）主立管及横干管应进行通球试验；通球球径不应小于排水管道通径的 2/3，通球率应达到 100%。

排水管道通径是指管路系统中最狭小的部位，包括特殊单立管管件非圆形部位的最小尺寸。

（3）室内的雨水立管应进行灌水或通水试验。

3.3　建筑排水复合管道安装

本节适用于新建、扩建、改建的民用和工业建筑生活排水系统和屋面雨水排水系统中使用涂塑钢管、衬塑钢管、涂塑铸铁管、钢塑复合螺旋管、加强型钢塑复合螺旋管的管道工程的施工。

用于生活排水系统的建筑排水复合管道的管材可采用涂塑钢管、衬塑钢管，涂塑铸铁管、钢塑复合螺旋管和加强型钢塑复合螺旋管等。

用于屋面雨水排水系统的建筑排水复合管道的管材可采用涂塑钢管、衬塑钢管和涂塑铸铁管。

3.3.1 管道系统的配管和截管

管道系统的配管应按设计图纸规定的坐标和标高线绘制实测施工图；按实测施工图进行配管；制定管材和管件的安装顺序，进行预装配；截管操作参见"建筑给水复合管道安装"中的相关内容。

3.3.2 管道连接

1. 沟槽式连接、法兰连接

沟槽式连接、法兰连接操作参见"建筑给水复合管道安装"中的相关内容。

2. 法兰压盖连接

（1）应使用自动金属锯床（电动圆锯床、移动式带形锯床、带锯）垂直锯断管材，操作时应注意不要对锯齿施加负载。

（2）应采用锉刀等去除切断面上的毛刺和毛边，并应进行管内外两面的倒角，外部倒角应达到 1mm 以上。

（3）应清除附着在管内外面及端面上的水分、锯屑、尘土及异物。

（4）在连接管端处应对插入量作出标记，插入量应符合表3-9 的规定。

插入量（mm）　　　　　　　　　　　　　　　　表 3-9

管径	50	75	90	110	160
插入量	37	42	46	52	64

（5）对部件应进行组装，并应将法兰装入管内。

（6）在垫层密封圈的内侧倒角部位应涂敷硅胶并进行防锈处理，硅胶不得涂敷在管道的外表面，不得涂敷在密封圈内侧。

（7）硅胶涂敷量应符合表 3-10 的规定。

硅胶涂敷量					表 3-10
管径(mm)	50	75	90	110	160
涂敷量(g/部位)	2.1	2.7	3.1	4.0	5.8

（8）应将垫层密封圈套入管端，并应尽量套至底部，当管材难以套入时，可在管道表面涂敷少量的肥皂水再进行套入。

（9）应将管材插入管件主体，并应拧紧紧固螺栓，扭矩不得大于表 3-11 的规定。

扭矩					表 3-11
管径(mm)	50	75	90	110	160
扭矩(kg·cm)	100	150	200	250	500

3. 卡箍连接

（1）安装前，应将直管和管件内外污垢和杂物、接口处工作面上的泥沙等附着物清除干净。

（2）连接时，应先取出卡箍内橡胶密封套；当卡箍为整圈不锈钢套环时，可将卡箍先套在接口一端的管材（管件）上。

（3）在接口相邻管端的一端应套上橡胶密封套，并应使管口达到并紧贴在橡胶密封套中间肋的侧边上；应将橡胶密封套的另一端向外翻转。

（4）应将连接管的管端固定，并应紧贴在橡胶密封套中间肋的另一侧边上；应再将橡胶密封套翻回套在连接管的管端上。

（5）安装卡箍前，应将橡胶密封套擦拭干净，当卡箍产品要求在橡胶密封套上涂抹润滑剂时，可按产品要求涂抹；应采用卡箍生产厂配套提供的润滑剂。

（6）在拧紧卡箍上的紧固螺栓前，应校准接头轴线使两管轴线在同一直线上；拧紧螺栓时，应分多次交替进行并使橡胶密封套均匀紧贴在管端外壁上。

3.3.3 管道修补

1. 涂塑钢管的局部修补

（1）缺陷部位所有的锈斑、鳞屑、污垢和其他杂质及松脱的涂层应予清除。

（2）应将缺陷部位打磨成粗糙面。

（3）应用干燥的布、干燥的压缩空气和刷子将灰尘清除干净。

（4）在管道下沟前应根据受损涂层的厚度决定是否修补，如保留涂层的厚度达到原涂层厚度的 70% 以上，则可以不修补。但在防腐厂或发现的任何损伤都应进行相应的处理。如业主有特殊要求，应按照特殊要求处理。

（5）直径小于或等于 25mm 的缺陷部位，应用塑料粉末生产商推荐的热熔修补棒、双组分环氧树脂涂料或聚乙烯补伤片或业主同意使用的同等物料进行局部修补。

（6）直径大于 25mm 且面积小于 $250cm^2$ 的缺陷部位，可用塑料粉末生产厂推荐的双组分环氧树脂涂料或聚乙烯粉末进行局部修补。

（7）所修补的涂层应满足涂塑钢管出厂检验的相关规定。

（8）涂塑钢管施工完成后应用电火花检漏仪对管道进行检查，发现有缺损处，应按有关规定进行修补。

2. 涂塑复合铸铁管

涂塑复合铸铁管如在运输、搬运、装卸、截管、施工安装过程中造成涂层缺损或金属本体裸露时，应采用局部修补等方法来弥补涂层缺陷。

（1）局部修补部位包括截断管材后裸露金属的断口，运输、装卸及安装过程中涂层缺损部位。

（2）局部修补部位所有的锈斑、鳞屑、污垢和其他杂质及松脱的涂层应予清除。

（3）应将局部修补部位打磨成粗糙面。

（4）应用干燥的布、干燥的压缩空气和刷子将灰尘清除干净。

（5）截断口及缺损部位可用环氧粉末生产厂推荐的同种颜色的双组分环氧树脂涂料进行局部修补。

3.3.4 支、吊架安装

（1）建筑排水复合管道支吊架的形式、材质、尺寸、质量和防腐要求等应符合国家现行有关标准的规定，并应按设计要求安装牢固，位置应正确。

（2）钢塑复合管、钢塑复合螺旋管和加强型钢塑复合螺旋管的支吊架设置和安装应符合上述 1.7.2 中的有关规定。

（3）涂塑复合铸铁管的支吊架设置和安装，参见上述"建筑排水金属管道"中相关内容。

3.3.5 管道试验

复合管道系统试验项目应按设计规定，设计无规定时可按以下项目进行，具体要求参见本书 3.1.7 和 3.2.5 及 10.1 中相关内容。

（1）生活排水复合管道系统试验：灌水试验、敷设坡度、通球试验。

（2）雨水复合管道系统试验：灌水试验、敷设坡度。

（3）压力流建筑排水复合管道试验：水压试验、通水试验。

4 卫生器具安装

由于卫生器具的型号、规格较多，在配合土建阶段要正确预留孔洞。卫生器具的安装应采用预埋螺栓或膨胀螺栓安装固定。卫生器具、给水配件的安装高度应符合设计要求。

4.1 盥洗、沐浴用卫生洁具安装

4.1.1 洗脸盆安装

1. 立式洗脸盆

立式洗脸盆，如图 4-1。安装时，先在墙上画出安装中心线，根据脸盆架的宽度画出固定孔眼的十字线，在十字线的位置

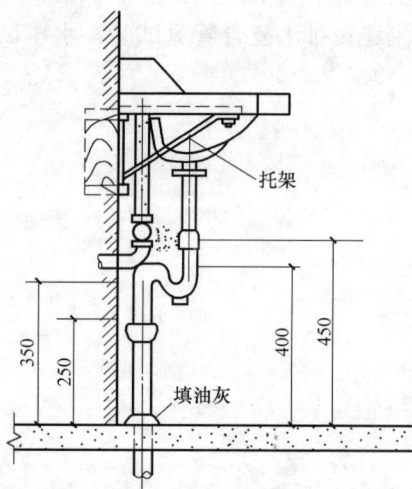

图 4-1 立式洗脸盆

牢固地埋入木砖，将盆架用木螺钉拧紧在木砖上，也可以用膨胀螺栓固定。固定时，要同时用水准尺找平，然后将脸盆固定在托架上。

进水一般由进水管三通通过铜管与脸盆水龙头连接，排水用的下水口通过短管接存水弯，短管与脸盆间用橡皮垫密封，它们之间的空隙用锁母锁紧，使之密封。

2. 支柱式洗脸盆安装

（1）按照排水管口中心画出竖线，将支柱立好，将脸盆放在支柱上，使脸盆中心对准竖线，找平后画好脸盆固定孔眼位置。同时将支柱在地面位置作好印记。按墙上印记打出 $\phi10\times80mm$ 的孔洞，栽好固定螺栓。

（2）将地面支柱印记内放好白灰膏，稳好支柱及脸盆，将固定螺栓加胶皮垫、眼圈、带上螺母拧至松紧适度。

（3）再次将脸盆面找平，支柱找直。将支柱与脸盆接触处及支柱与地面接触处用白水泥或防水胶勾缝抹光。

3. 洗脸盆给水附件安装

（1）上配式水龙头安装，应符合以下要求：

1）长脖水龙头直接拧于给水管内螺纹管件上，普通水龙头可用外螺纹短管和管箍连接。

2）单冷水的水龙头位于盆中心线墙面，高出盆沿距离、冷、热水龙头中心距应符合设计要求。

3）安装上配式水龙头的洗脸盆，水龙头出水孔应用磁盖堵上。

（2）下配式给水角阀的安装，应符合如下要求：

1）角阀安装高度 450mm，冷水横管高 350mm，热水横管高 525mm。

2）角阀安装必须垂直墙面，角阀位置与洗脸盆上水龙头孔位置在一垂直线上。

3）墙面预留的给水管口位置稍有偏差时，角阀与水龙头间的连接铜管可弯成乙字弯相接，但角阀与墙面管口必须对正。

4）角阀与墙面管口间的连接管，用镀锌焊接钢管连接的，连接管两端外螺纹，一端安装角阀，另一端拧入墙内螺纹管件。

5）用镀铬铜管连接的，镀铬铜管一端已与角阀焊接成一体，另一端给水管口平墙面处为内螺纹管箍或内外螺纹接头，铜管上套胶圈和填料压盖，镀铬铜管插入管接头后，推入胶圈，拧上压盖，使管隙密封无渗漏。

6）角阀与水龙头采用金属软管连接的，应在锁紧螺母内填入胶圈，拧紧锁紧螺母，使接头无渗漏。

7）暗管连接的墙面接管根部，应用装饰罩罩住，装饰罩应紧贴墙面。

（3）下配式明配管安装，应符合如下要求：

1）冷水横支管安装高度为 250mm，热水横支管高度为 350mm。

2）在与洗脸盆水龙头连接的支管上，高 450mm 处安装截止阀。

3）明配管要求横管水平度好，与水龙头连接的支立管要垂直。

4. 洗脸盆排水附件安装

（1）安装脸盆下水口：先将下水口根母、眼圈、胶垫卸下，将上垫垫好油灰后插入脸盆排水口孔内，下水口中的溢水口要对准脸盆排水口中的溢水口眼。外面加上垫好油灰的胶垫，套上眼圈，带上根母，再用自制扳手卡住排水口十字筋，用平口扳手上根母至松紧适度。

（2）S型存水弯的连接：应在脸盆排水口丝扣下端涂铅油，缠小许麻丝。将存水弯上节拧在排水口上，松紧适度。再将存水弯下节的下端缠油盘跟绳插在排水管口内，将胶皮垫放在存水弯的连接处，把锁母用手拧紧后调直找正。再用扳手拧至松紧适度。用油灰将下水口塞严、抹平。

（3）P型存水弯的连接：应在脸盆排水口丝扣下端涂铅油，缠少许麻丝。将存水弯立节拧在排水口上，松紧适度。再将存水弯横节按需要长度配好。把锁母和护口盘背靠背套在横节上，在端头缠好油盘根绳，试安高度是否合适，如不合适可用立节调整，然后把胶垫放在锁口内，将螺母拧至松紧适度。把护口盘内填满油灰后向墙面找平、按实。将外溢油灰除掉，擦净墙面。将下水口处外露麻丝清理干净。

4.1.2 净身盆安装

净身盆有单孔和双孔两类。双孔型喷头安装于盆底，单孔型喷水头安装于盆沿上混合开关处。

1. 净身盆安装

（1）净身盆本身无水封，一般排水管穿过楼梯，下接存水弯。

（2）净身盆配件安装完以后，应接通临时水试验无渗漏后方可进行盆体稳装。

（3）将排水预留管口周围清理干净，将临时管堵取下，检查有无杂物。将净身盆排水三通下口铜管装好。

（4）将净身盆排水管插入预留排水管口内，将净身盆稳平找正。净身盆尾部距墙尺寸一致。将净身盆固定螺栓孔及底座画好印记，移开净身盆。

（5）将固定螺栓孔印记画好十字线，剔成 $\phi20 \times 60mm$ 孔眼，将螺栓插入洞内栽好，再将净身盆孔眼对准螺栓放好，与原印记吻合后再将净身盆下垫好白灰膏，排水铜管套上护口盘。净身盆稳牢、找平、找正。固定螺栓上加胶垫、眼圈，拧紧螺母。清除余灰，擦拭干净。将护口盘内加满油灰与地面按实。净身盆底座与地面有缝隙之处，嵌入白水泥浆补齐、抹光。

2. 给排水附件安装

（1）净身盆混合分路阀、喷水头及连接管路、排水栓等均在盆身安装后装好，把量截好的排水管连接在排水栓下，然后将盆身就位找正找平和固定。

（2）排水口安装：将排水口加胶垫，穿入净身盆排水孔眼。

拧入排水三通上口，同时检查排水口与净身盆排水孔眼的凹面是不是紧密，如有松动及不严密现象，可将排水口锯掉一部分，尺寸合适后，将排水口圆盘下加抹油灰，外面加胶垫、眼圈，用自制叉扳手卡入排水口十字筋，使溢水口对准净身盆溢水孔眼，拧入排水三通上口。

（3）给水管出墙的根部和排水管地面根部应加装饰层。

4.1.3 浴盆安装

图 4-2 为常用的一种浴盆安装图。有饰面的浴盆，应留有通向浴盆排水口的检修门。安装浴盆混合式挠性软管淋浴器挂钩的高度如设计无规定，应距地面 1.5m。

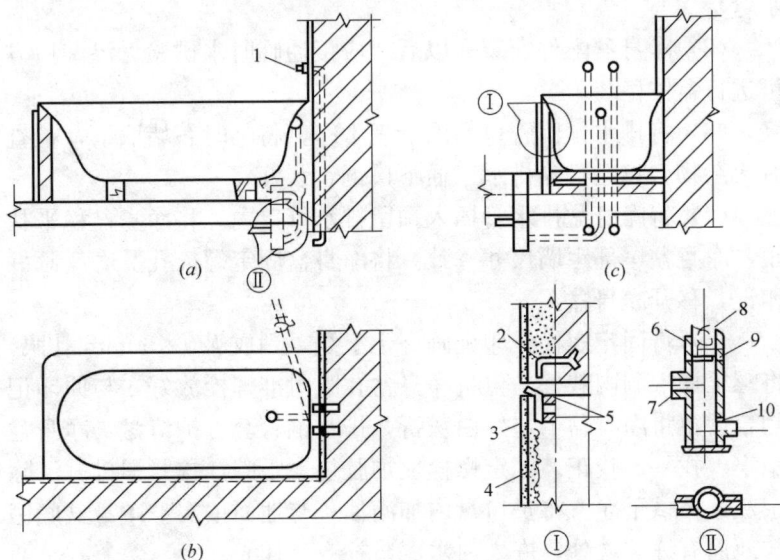

图 4-2 浴盆安装图

（a）立面图；（b）平面图；（c）侧面图

1—接浴盆水门；2—预埋 6 钢筋；3—铁丝网；4—瓷砖；5—角钢；

6—100 钢管；7—管箍；8—清扫口铜盖；

9—焊在管壁上的 8 钢筋；10—进水口

1. 浴盆安装

（1）浴盆稳装前应将浴盆内表面擦拭干净，同时检查瓷面是否完好。带腿的浴盆先将腿部的螺丝卸下，将拔销母插入浴盆底卧槽内，把腿扣在浴盆上带好螺母拧紧找平。浴盆如砌砖腿时，应配合土建施工把砖腿按标高砌好。将浴盆稳于砖台上，找平、找正。浴盆与砖腿缝隙外用 1:3 水泥砂浆填充抹平。

（2）有饰面的浴盆，应留有通向浴盆排水口的检修门。

2. 浴盆给水附件安装

混合水龙头安装：将冷、热水管口找平、找正。把混合水龙头转向对丝抹铅油、缠麻丝，带好护口盘，用自制扳手插入转向对丝内，分别拧入冷、热水预留管口，校好尺寸，找平、找正。使护口盘紧贴墙面。然后将混合水龙头对正转向对丝，加垫后拧紧锁母找平、找正。用扳手拧至松紧适度。

水龙头安装：先将冷、热水预留管口用短管找平、找正。如暗装管道进墙较深者，应先量出短管尺寸并套丝，然后安装到位，使冷、热水龙头安完后距墙一致。将水龙头拧紧找正，除净外露麻丝。

浴盆软管淋浴器挂钩的高度，如设计无要求，应距地面 1.8m。

3. 浴盆排水附件安装

将浴盆排水三通套在排水横管上，缠好油盘根绳，插入三通中口，拧紧锁母。三通下口装好铜管，插入排水预留管口内（铜管下端扳边）。将排水口圆盘下加胶垫、油灰，插入浴盆排水孔眼，外面再套胶垫、眼圈，丝扣处涂铅油、缠麻。用自制叉扳手卡住排水口十字筋，上入弯头内。

将溢水立管下端套上锁母，缠上油盘根绳，插入三通上口对准浴盆溢水孔，带上锁母。溢水管弯头处加 1mm 厚的胶垫、油灰，将浴盆堵螺栓穿过溢水孔花盘，上入弯头"一"字丝扣上，无松动即可。再将三通上口锁母拧至松紧适度。

浴盆排水三通出口和排水管接口处缠绕油盘根绳捻实，再用油灰封闭。

4.1.4 淋浴器及地漏安装

1. 镀铬淋浴器安装

（1）暗装管道先将冷、热水预留管口加试管找平、找正。量好短管尺寸，断管、套丝、涂铅油、缠麻，将弯头上好。明装管道按规定标高煨好"Ⅱ"弯（俗称元宝弯），上好管箍。

（2）淋浴器锁母外丝丝头处抹油、缠麻。用自制扳手卡住内筋，上入弯头或管箍内。再将淋浴器对准锁母外丝，将锁母拧紧。将固定圆盘上的孔眼找平、找正。画出标记，卸淋浴器，将印记剔成 $\phi 10 \times 40mm$ 孔眼，栽好铅皮卷。再将锁母外丝口加垫抹油，将淋浴器对准锁母外丝口，用扳手拧至松紧适度。再将固定圆盘与墙面靠严，孔眼平正，用木螺栓固定在墙上。

（3）将淋浴器上部铜管预装在三通口上，使立管垂直，固定圆盘与墙面贴实，孔眼平正，画出孔眼标记，栽入铅皮卷，锁母外加垫抹油，将锁母拧至松紧适度。将固定圆盘采用木螺丝固定在墙面上。

2. 铁管淋浴器的组装

（1）铁管淋浴器的组装必须采用镀锌管及管件。

（2）由地面向上量出 1150mm，画一条水平线为阀门中心标高。再将冷、热阀门中心位置画出，测量尺寸，配管上零件。阀门上应加活接头。

（3）根据组数预制短管，按顺序组装，立管栽固定立管卡，将喷头卡住。立管应吊直、喷头找正。安装时应注意男、女喷头的高度。

3. 地漏安装

地漏有单通道和多通道两类，结构上分有水封和无水封，连接方式有内螺纹、外螺纹之别，连接管又分立管和水平管上安装两类，材质有铸铁、不锈钢、塑料等。安装地漏的排水管时，应明确地漏型式、材质和结构特点。地漏安装，应符合如下要求：

（1）核对地面标高，按地面水平线采用 0.02 的坡度，再低 5~10mm 为地漏表面标高。

（2）为正确控制高程，应在室内地面面砖施工时配合安装地漏。

（3）地漏安装后应封堵，防止建筑垃圾进入排水管。

（4）地漏篦子应拆下保管，待交工验收时装上，防止丢失。

（5）地漏安装后，用 1：2 水泥砂浆将其固定。

4.2 大便器安装

4.2.1 坐式大便器

1. 坐便器的固定

（1）坐便器排水预留管口位置偏差时，坐便器应以预留排水管口定位。坐便器中心线应垂直墙面。坐便器找正找平后，划好螺孔位置，固定。坐便器安装应用不小于 6mm 镀锌膨胀螺栓固定，坐便器与螺母间应用软性垫片，污水管应露出地面 10mm。

（2）坐便器排污口与排水管口的连接，应符合如下要求：

1）里"S"坐便器为地面暗接口，地面预留的排水口 DN 100 高出地面距离符合设计要求。排水管口距背墙尺寸，应根据不同型号的坐便器定。

2）外"S"坐便器为地面明接口，地面预留的排水口 DN 100 高出地面距离符合设计要求。在排水管口上套一个橡胶密封圈，外套一个长 60mm 的 DN 120 塑料防护套管，坐便器排污口对准排水管口，插入橡胶密封圈，然后在塑料防护套管和橡胶密封圈的间隙填嵌 YJ 密封膏。

3）外"P"坐便器为地上明接口，排水管口应为 DN 100 的承口。坐便器排污口插入排水管承插口内，用油麻绳捻口后，用 YJ 密封膏填塞抹平。排水管口的高度和出墙距离，应按不同型号的外"P"坐便器排污口实际尺寸施工。

（3）连体坐便器安装：先将法兰盘对准坑管，标出地脚螺栓应安装的位置，取走法兰盘，在刚才作标记的位置钻孔并安装膨胀管，将法兰安装螺丝向上固定在法兰盘上后，用地脚螺栓将整个法兰盘固定在地上。

然后将坐便器倒置于柔软垫子上（防止剐伤表面），将密封圈牢固的安装在坐便器排水口上，同时应检查排污管是否畅通。小心地将坐便器对准法兰盘，并使法兰安装螺丝穿过坐便器地基安装孔，慢慢向下压坐便器，直至水平。在法兰安装螺丝上套上垫片，拧紧螺母，并套上装饰罩。注意：请用手拧紧螺母，如用力过大，陶瓷有开裂的可能。将水箱进水管和进水角阀连接在一起，检查补水管是否插入溢水管。

（4）坐便器安装时应先在底部排水口周围涂满油灰，然后将坐便器排出口对准污水口，慢慢地往下压挤密实填平整，再将垫片螺母拧紧，消除被挤出油灰，在底座周边填嵌密实后立即用回丝或抹布擦洗干净。严禁用水泥安装坐便器，如用水泥安装，会使坐便器有开裂的可能。

2. 坐便器的水箱安装

（1）低水箱坐便器其水箱应用镀锌开脚螺栓或用镀锌金属膨胀螺栓固定。如墙体是空心砖则严禁使用膨胀螺栓，水箱与螺母间应采用软性垫片，严禁使用金属硬垫片。

（2）挂墙低水箱应以坐便器中心线定位，瓷水箱用 $\phi 6 \times 75$ 木螺钉固定于墙面时，应用 $20mm \times 20mm \times 30mm$ 的青铅垫片。带水箱及连体坐便器其水箱后背部离墙应不大于 $20mm$。

（3）座水箱安装，如图 4-3 所示。水箱座于坐便器上，找正冲水口和连接螺孔。水箱靠墙间隙应均匀，应不大于 $20mm$。水箱与坐便器间的橡胶垫片应平整，拧紧冲水栓后，对水箱与坐便器进行盛水试验，若发现渗漏，应用油灰将橡胶垫片接触的瓷面抹平干燥后重新紧固。冲水栓口紧固后，再将冲水口两侧的两个连接螺栓上好。水箱固定后才可安装箱内附件。

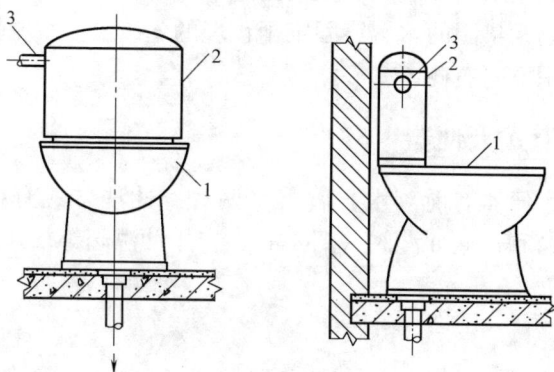

图 4-3 座水箱大便器

1—坐式大便器；2—座水箱；3—进水口

3. 给水附件安装

（1）背水箱配件安装：背水箱中带溢流管的排水口安装根据设计要求进行，溢水管口应低于水箱固定螺栓孔 10～20mm。安装扳手时，先将圆盘塞入背水箱左上角方孔内，把圆盘上入方螺母内用管钳拧至松紧适度，把挑杆煨好勺弯，将扳手轴插入圆盘孔内，套上挑杆拧紧顶丝。安装背水箱翻板式排水时，将挑杆与翻板用尼龙线连接好。板动扳手使挑杆上翻板活动自如。

（2）挂墙低水箱与坐便器间的冲水管连接，应精确测量水平和高度尺寸，量截好冲水管。拧紧冲水管两端压盖螺母（格令）时，冲水管应垂直端正，连接处不得有渗漏。

（3）水箱给水角阀的安装：角阀应垂直墙面，预留给水管口应根据水箱的不同型号定位，应在水箱进水口的垂线位置。若预留给水管口有偏差，角阀与水箱间可用乙字弯连接。

（4）自动式冲洗阀安装，应符合如下要求：

1）给水管明装的，应采用直式阀，下带防污器，垂直安装，给水管口应向下接冲洗阀连防污器，防污器下接冲洗管。

2）给水管暗装的，应采用角式冲洗阀，冲洗阀下连防污器接冲洗管，冲洗管安装应垂直端正，无渗漏。

（5）高位水箱安装应以大便器进水口为准，找出中心线并划线，用带尼龙垫圈的木螺钉固定于预埋的木砖上。水箱拉链一般宜位于使用方向右侧。

4.2.2 蹲式大便器

蹲式大便器有前落水、后落水两种。冲洗方式有挂墙高水箱、低水箱和普通冲洗阀（图4-4）、专用冲洗阀等。

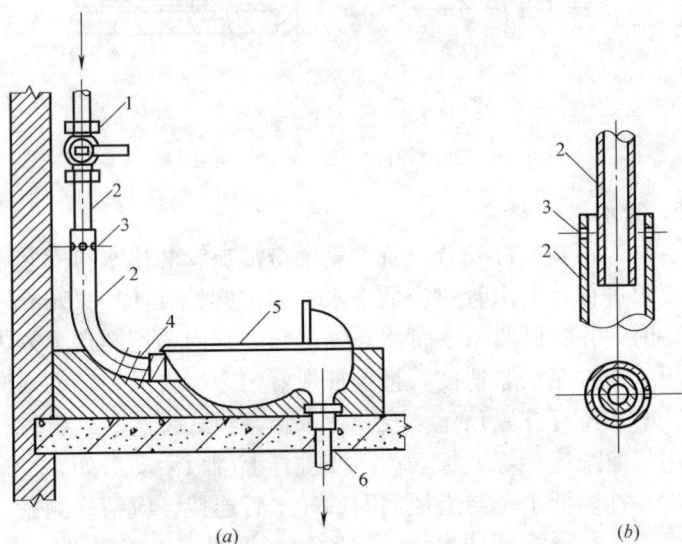

图 4-4 普通冲洗阀蹲式大便器
（a）剖面图；（b）节点图
1—球阀（冲洗阀）；2—冲洗管；3—气孔；4—胶皮大小头；
5—蹲式大便器；6—排水立支管

1. 蹲便器排污口连接

普通蹲便器管口中距背墙距离、蹲便器台阶面高出地面高度、地面排水管口（承口）高出地面距离应符合设计或标准图集的规定。

在楼面上使用陶瓷 S 弯，蹲便器的台阶面一般砌成双踏步台阶。

2. 蹲便器的固定

（1）蹲便器排污口的连接为暗接口方式。

（2）蹲便器底部和周围用干砂或干焦渣铺填找平，蹲式大便器水封上下口与大便器或管道连接处均应填塞油麻两圈，外部用油腻子或纸盘白灰填实密封。

（3）蹲便器找正找平时，用水平尺在上沿口找平，蹲便器中心线要垂直背墙。

（4）蹲便器沿口平于或高出台阶面由设计决定。

3. 给水附件安装

（1）水箱内铜质或塑料附件安装，应在水箱挂墙以前组装好附件。高水箱的手拉杆固定于水箱沿口上，拧紧时不得用力过猛。

（2）给水管为明管的，角阀宜选用外螺纹角阀，弯头宜选用 DN 15 内外螺纹弯头。

（3）冲水弯管的高度和水平段长度，应根据蹲便器和水箱位置的实际尺寸精确量截。冲水管与高水箱连接段的乙字弯应根据实际尺寸调整。高水箱冲水管中间应设管卡（镀铬冲水管应用镀锌管卡），立管应垂直端正。冲水管与蹲便器冲水口的连接应用异径皮碗，皮碗口径与冲水管径及蹲便器冲水口径吻合。皮碗大口，小口的绑扎应用 16 号紫铜丝，紧绕 2～3 圈后绞头，不得渗漏。冲水管与水箱泄水栓连接，用带胶圈的两端压盖螺母紧固。

（4）冲洗阀安装：

1）水势的调节：水势根据水压的高低而变化，若水势太强会有飞溅现象且冲洗声音变大，若水势太弱，则不能充分进行冲洗，需调节开闭螺丝来改变水势。

右回转——水势变弱，左回转——水势变强。

2）吐水量的调节：进行吐水量调节时，需拧动调节螺栓。

右回转——吐水量减少，左回转——吐水量增加。

3）过滤网及小孔清洗：过滤网及小孔被污物堵住时，会出现水流不止、吐水量不能调节等操作不灵便现象，此时，拆下过滤网，确认过滤网及小孔是否被污物堵住，并可用牙刷等柔软的刷子清扫过滤网，然后用水进行充分清洗；或用细铁丝来疏通小孔并用水进行冲洗。

4.3 小便器安装

小便器有挂斗式、立式、壁挂式三类。小便器冲洗方式有自动感应、手压阀两种。挂斗式和立式小便器本身不水封，排水口需连接存水弯。挂壁式本身带水封，要求排水管在墙内安装。

4.3.1 挂斗式小便器安装

（1）将小便器放到安装位置，用水平尺校正位置。通过小便器的安装孔将安装位置用笔做上记号，移去小便器，通过安装孔位置测量挂钩在墙上的安装位置，并用笔做上记号，用冲击钻在标记处打孔。

（2）安装挂钩，通过螺纹连接，安装法兰盘和固定螺栓。

（3）将橡胶密封圈套在小便器排水口上，将小便器对准法兰盘和固定螺栓后，安装在挂钩上。

（4）法兰盘与小便器之间通过螺栓连接固定，连接进水管和冲洗阀，固定螺栓不要旋得太紧，以防止陶瓷开裂。

（5）在小便器靠墙四周打上中性防霉硅胶密封。

4.3.2 立式小便器落地安装

（1）立式小便器落地安装，如图 4-5 所示。小便器排水口与地面预留管口的连接为暗接口。立式小便器排水栓，底下用锁紧螺母（根母）锁紧，排水栓为 DN50，地面预留的排水管口应为 DN50 排水管承口。

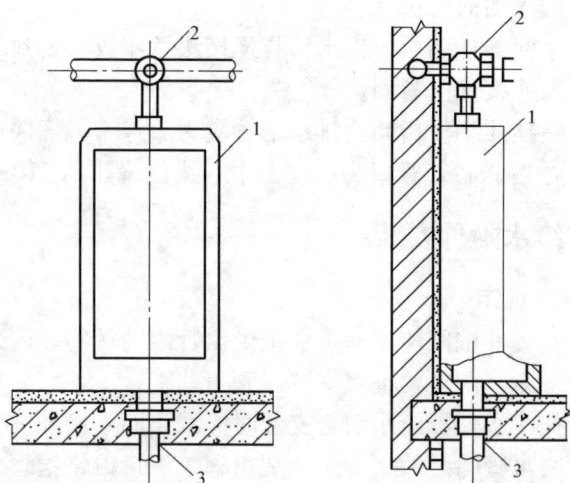

图 4-5　立式小便器（落地安装）

1—立式小便器；2—直角截止阀；3—排水立支管

（2）对准法兰盘上左右的两个小孔安装地脚螺栓。

（3）将橡胶密封圈套在小便器排水口上。

（4）小便器对准法兰盘并使地脚螺栓穿过小便器安装孔。

（5）安装地脚螺栓，连接进水管和冲洗阀。

（6）立式小便器背面不平整时，缝宽小于 3mm 的可用白灰膏抹平。缝隙大的，应先用形状相似的木片嵌塞后用白灰膏抹平。立式小便器背面不平整情况，应在排水管安装前检测，以便将排水口距墙尺寸相应调整。

（7）小便器靠墙四周打上中性防霉硅胶密封。

4.3.3　壁挂式小便器安装

（1）墙面应埋置螺栓和挂钩，螺栓的位置，根据不同型号的产品实样尺寸定位。

（2）壁挂式小便器水封出水口有连接法兰，安装时应拆下连接法兰，将连接法兰先安装在墙内暗管的内螺纹管件上，调整好连接法兰凹入墙面的尺寸。

（3）小便器挂墙后，出水口与连接法兰用胶垫密封，用螺栓将小便器与连接法兰紧固。

（4）壁挂式小便器墙内排水暗管应为 $DN50$，管件口在墙面内 45mm 左右。暗管管口为小便器中心线位置，高 510mm。

4.3.4 给水附件安装

1. 一般规定

（1）安装冲洗阀前，一定要把供水管内的污物、砂浆等异物充分清洗干净，阀体要垂直安装（阀盖朝上）。

（2）挂斗小便器给水明管安装时应截止阀下接冲洗管。

（3）给水管暗装的，应用冲洗角阀，下接镀铬铜管。

（4）立式小便器的长柄冲洗角阀，冲洗管从小便器顶孔插入应连接水鸭嘴，向池背喷水。

（5）立式小便器给水口有平口罩，应用油灰膏密封缝隙。

（6）小便器冲洗角阀直接拧在墙内管件的内螺纹管件上时，若管件埋墙深，应加工内外螺纹接头连接。

2. 隐蔽型感应式冲洗阀安装

（1）弹划安装位置，凿埋设槽坑，槽深根据感应阀的厚度来确定。

（2）确定隐蔽盒位置：装接冲洗管，冲水管需现场自行配置。将供水管与供水管接头连接，根据安装区域，调整隐蔽盒的位置。将隐蔽盒按要求投放入槽，通过加塞楔垫的方法将其固定平整、端正。在冲水管安装孔处装上管堵，连接供水管。

（3）保护盖的安装：将保护盖安装于隐蔽盒上，隐蔽盒周围间隙用灰浆抹平。揭去保护盖，灰浆强度形成后，卸去保护盖的固定螺丝，取走保护盖。

（4）装设感应器：将调节螺丝穿过垫圈后装入感应器固定架，调节好感应器固定架的位置，调节好螺母。隐蔽盒紧固于墙壁后，用手将螺母拧紧。

130

3. 小便器感应式冲洗阀（露出型）安装

（1）安装板的设置：按尺寸设置供水孔与安装孔的相对位置，用配套的膨胀管和螺丝将安装板固定，安装后，检查一下供水管与安装板是否相配合。

（2）安装阀门本体：把阀门本体及水管装置在安装板的相对位置，校准阀门本体的位置顺时针方向转动阀门本体，处于垂直状态。

（3）放置电池：在黑色电池盒内，同包装的干电池按电池的正、负极方向放入，将电池盒上的间隔柱插入安装板的孔内。

（4）安装冲洗管：将配置好的冲洗管与冲水阀连在一起。

（5）插接器：将电源引线插接器、电磁阀引线插接器分别与感应器上相应引线插接，将引线挂于电池盒的挂钩上。

（6）感应盖罩的安装：把盖罩往下移，卡在安装板上，拧紧螺丝。盖板安装好后，注意线束不要从盖板露出。

5 自动喷水灭火系统管道及附件安装

自动喷水灭火系统是由洒水喷头、报警阀组、水流报警装置（水流指示器或压力开关）等组件，以及管道、供水设施组成，并能在发生火灾时喷水的自动灭火系统。本章以薄壁不锈钢管为例介绍自动喷水灭火系统管道及附件的安装。

5.1 配水管道安装

配水管道应采用内外壁热镀锌钢管或符合现行国家或行业标准，并经国家固定灭火系统质量监督检验测试中心检测合格的涂覆其他防腐材料的钢管，以及铜管、不锈钢管（含薄壁不锈钢管）。

5.1.1 管道连接

同一公称尺寸的薄壁不锈钢管道宜采用同一种连接方式，并应使用专用的安装工具。

薄壁不锈钢管道 $DN \leqslant 100$ 时宜采用卡压、环压、啮入成型螺纹式、卡凸式、沟槽式、法兰等连接方式。当 $DN > 100$ 时宜采用沟槽式、法兰等方式连接。管道连接不宜采用焊接，当需要采用焊接时，应对被焊接管道焊接部位内、外同时进行惰性气体保护并应去除回火色。其中沟槽式、环压式、卡压式、卡凸式、法兰、焊接等连接方式参见上述"建筑给水薄壁不锈钢管道"中相关内容，但焊接法兰焊接处应做防腐处理，并宜重新镀锌后再连接。啮入成型螺纹式连接的安装操作如下。

啮入成型螺纹连接是采用啮入成型螺纹技术，将薄壁管和管件的两端分别具有能相互直接旋合接驳的外内螺纹接口的一种以螺纹压力密封的连接形式。

（1）啮入成型螺纹接口薄壁不锈钢管道系统安装前，应仔细阅读啮入成型螺纹接口薄壁不锈钢管道使用说明书，然后按照说明书中安装操作顺序及安装方法进行安装。

（2）在管道安装前，应对材料进行检验，并应保持管材与管件内的清洁，将污垢与杂质去除。

（3）下料应准确，切割可采用旋转砂轮切割机，切口应垂直，并应在去除管口内外毛刺后，再用专用扩孔头将管端扩胀为圆锥管。

（4）应用专用啮入螺纹机具对管端啮入螺纹，内外螺纹接口配合尺寸，宜以手拧旋入 4～5 个丝扣为准。

（5）应清除螺纹端口的油污。螺纹接口可采用聚四氟乙烯生料和液态生料带均匀缠涂在外螺纹上密封，并应用专用工具拧紧。

5.1.2 管道敷设

（1）管道的安装位置应符合设计要求。当设计无要求时，管道的中心线与梁、柱、楼板等的最小距离应符合表 5-1 的规定。

管道的中心线与梁、柱、楼板的最小距离　　　表 5-1

公称直径(mm)	25	32	40	50	70	80	100	125	150	200
距离(mm)	40	40	50	60	70	80	100	125	150	200

（2）管道敷设前，宜按要求确定管卡位置，管卡位置应准确；埋设应平整、牢固；管卡与管道接触应紧密，但不得损伤管道表面。在镀锌钢管配件与不锈钢管连接部位，管卡应设置在镀锌钢管配件一端，并应尽量靠近镀锌管配件。

（3）对埋地敷设的薄壁不锈钢管应采取防腐蚀措施，其防腐蚀材料的成分中不得含有卤族元素。距管件小于或等于 100mm 内应采用牢固支撑。

（4）管道敷设严禁轴线扭曲，穿墙或楼板时不应强制校正。

（5）当管道安装间断或完成时，其管道敞口处应及时封堵。

（6）管道穿过建筑物的变形缝时，应采取抗变形措施。穿过墙体或楼板时应加设套管，套管长度不得小于墙体厚度；穿过楼板的套管其顶部应高出装饰地面 20mm；穿过卫生间或厨房楼板的套管，其顶部应高出装饰地面 50mm，且套管底部应与楼板底面相平。套管与管道的间隙应采用不燃材料填塞密实。

（7）安装完的干管，不应有塌腰、拱起的波浪现象及蛇形现象。

（8）管道横向安装宜设 0.002～0.005 的坡度，且应坡向排水管；当局部区域难以利用排水管将水排净时，应采取相应的排水措施。当喷头数量小于或等于 5 只时，可在管道低凹处加设堵头；当喷头数量大于 5 只时，宜装设带阀门的排水管。

（9）不锈钢管道敷设完成后应采用塑料膜对管道进行保护，待工程交付验收前再撕去塑料膜。

（10）配水干管、配水管应做红色或红色环圈标志。红色环圈标志，宽度不应小于 20mm，间隔不宜大于 4m，在一个独立的单元内环圈不宜少于 2 处。

（11）埋地管道回填时，应先用砂土或颗粒直径不大于 12mm 的土壤回填至管顶上侧 300mm 处。管周回填土中不应夹有尖硬物，经夯实后方可回填原土。室内埋地管道的深度不宜小于 300mm。当达不到此要求时，应采取其他保护措施。室外给水管道的覆土深度，应根据土壤冰冻深度、车辆荷载、管道交叉等因素确定。管顶最小覆土深度不应小于土壤冰冻线以下 150mm。

（12）薄壁不锈钢管在穿过道路时，应符合下列要求：

1）DN 小于或等于 200mm 的覆土的深度不宜小于 1000mm。

2）DN 为 250～300mm 的覆土深度不宜小于 1500mm。

3）当不能满足上述要求时，应采取相应的保护措施。

5.1.3 管道支吊架

（1）选用的薄壁不锈钢管道支吊架和套管，其材质不能对薄壁不锈钢管产生腐蚀。

（2）薄壁不锈钢管道应固定牢固，管道支架或吊架之间的距离不应大于表 5-2 的规定。

薄壁不锈钢管道支架或吊架之间的最大距离　　　表 5-2

公称直径(mm)	25	32	40	50	70	80	100	125	150	200
距离(m)	3.5	4.0	4.5	5.0	6.0	6.0	6.5	7.0	8.0	9.5

（3）管道支架、吊架的安装位置不应妨碍喷头的喷水效果；管道支架、吊架与喷头之间的距离不宜小于 300mm；与末端喷头之间的距离不宜大于 750mm。

（4）配水支管上每一直管段、相邻两喷头之间的管段设置的吊架均不宜少于 1 个，吊架的间距不宜大于 3.6m。

（5）当管道的公称直径等于或大于 50mm 时，每段配水干管或配水管设置防晃支架不应少于 1 个，且防晃支架的间距不宜大于 15m；当管道改变方向时，应增设防晃支架。

（6）竖直安装的配水干管除中间用管卡固定外，还应在其始端和终端设防晃支架或采用管卡固定，其安装位置距地面或楼面的距离宜为 1.5~1.8m。

5.2　管道附件安装

薄壁不锈钢管与阀门、水流指示器、喷头等的连接应采用专用的管螺纹连接管件，严禁在薄壁不锈钢管上套丝。在阀门等配件前后应安装活接头或法兰盘，当 $DN \leqslant 50$ 时，应加装活接头；$DN \geqslant 65$ 时，应加装法兰盘。

5.2.1 喷头安装

（1）喷头安装应在系统试冲洗合格后进行。

（2）喷头的规格、类型、使用场所应符合设计要求。

（3）喷头安装时，不得将喷头进行拆装、改动，并严禁给喷头附加任何装饰性涂层。

（4）喷头安装应使用专用扳手，严禁利用喷头的框架施拧。喷头的框架，溅水盘产生变形或释放原件损伤时，应采用规格、型号相同的喷头更换。填料宜采用聚四氟乙烯带，防止损坏和污染吊顶。

（5）安装在易受机械损伤处的喷头，应加设喷头防护罩。

（6）喷头安装时，溅水盘与吊顶、门、窗、洞口或障碍物的距离应符合设计要求。

（7）水幕喷头安装应注意朝向被保护对象，在同一配水支管上应安装相同口径的水幕喷头。

5.2.2 报警阀组安装

1. 一般规定

（1）报警阀组的安装应在供水管网试压，冲洗合格后进行。安装时应先安装水源控制阀、报警阀。然后进行报警阀辅助管道的连接。

（2）报警阀组配件安装可按说明书及组装图安装，应在交工前进行。

（3）压力表应安装在报警阀上便于观测的位置。排水管和试验阀应安装在便于操作的位置。水源控制阀安装应便于操作，且应有明显开闭标志和可靠的锁定设施。

（4）在报警阀与管网之间的供水干管上，应安装由控制阀、检测供水压力、流量用的仪表及排水管道组成的系统流量压力检测装置，其过水能力应与系统过水能力一致；干式报警阀组、雨淋报警阀组应安装检测时水流不进入系统管网的信号控制阀门。

（5）水源控制阀、报警阀与配水干管的连接，应使水流方向一致。报警阀组安装的位置应符合设计要求；当设计无要求时，报警阀组应安装在便于操作的明显位置，距室内地面高度宜为

1.2m；两侧与墙的距离不应小于 0.5m；正面与墙的距离不应小于 1.2m；报警阀组凸出部位之间的距离不应小于 0.5m。安装报警阀组的室内地面应有排水设施。

（6）环境温度不得低于 5℃，报警阀组装时应按产品说明书和设计要求，进行控制阀应有启闭指示装置，并使阀门工作处于常开状态。

2. 湿式报警阀组

湿式报警阀组应使报警阀前后的管道中能顺利充满水；压力波动时，水力警铃不应发生误报警。

报警水流通路上的过滤器应安装在延迟器前，且便于排渣操作的位置。

3. 干式报警阀组

（1）干式报警阀组应安装在不发生冰冻的场所。

（2）安装完成后，应向报警阀气室注入高度为 50～100mm 的清水。

（3）充气连接管接口应在报警阀气室充注水位以上部位，且充气连接管的直径不应小于 15mm；止回阀、截止阀应安装在充气连接管上。

（4）气源设备的安装应符合设计要求和国家现行有关标准的规定。

（5）安全排气阀应安装在气源与报警阀之间，且应靠近报警阀。

（6）加速器应安装在靠近报警阀的位置，且应有防止水进入加速器的措施。

（7）低气压预报警装置应安装在配水干管一侧。

（8）应安装压力表部位：报警阀充水一侧和充气一侧；空气压缩机的气泵和储气罐上；加速器上。

4. 雨淋阀组

（1）雨淋阀组可采用电动开启、传动管开启或手动开启，开启控制装置的安装应安全可靠。水传动管的安装应符合湿式系统有关要求。

（2）预作用系统雨淋阀组后的管道若需充气，其安装应按干式报警阀组有关要求进行。

（3）雨淋阀组的观测仪表和操作阀门的安装位置应符合设计要求，并应便于观测和操作。

（4）雨淋阀组手动开启装置的安装位置应符合设计要求，且在发生火灾时应能安全开启和便于操作。

（5）压力表应安装在雨淋阀的水源一侧。

5.2.3 水流指示器、压力开关和信号阀等组件安装

1. 水流指示器、压力开关和信号阀

（1）水流指示器的安装应在管道试压和冲洗合格后进行，水流指示器的规格、型号应符合设计要求。水流指示器应使电器元件部位竖直安装在水平管道上侧，其动作方向应和水流方向一致；安装后的水流指示器桨片、膜片应动作灵活，不应与管壁发生碰擦。

（2）压力开关应竖直安装在通往水力警铃的管道上，且不应在安装中拆装改动。管网上的压力控制装置的安装应符合设计要求。

（3）信号阀应安装在水流指示器前的管道上，与水流指示器之间的距离不宜小于300mm。

（4）水流指示器、压力开关、信号阀的引出线应用防水套管锁定。

2. 水力警铃

水力警铃应安装在公共通道或值班室附近的外墙上，且应安装检修、测试用的阀门。水力警铃和报警阀的连接应采用热镀锌钢管，当镀锌钢管的公称直径为20mm时，其长度不宜大于20m；安装后的水力警铃启动时，警铃声强度应不小于70dB。

3. 减压阀

（1）减压阀安装应在供水管网试压、冲洗合格后进行。

（2）减压阀安装前应检查：其规格型号应与设计相符；阀外控制管路及导向阀各连接件不应有松动；外观应无机械损伤，并应清除阀内异物。

（3）减压阀水流方向应与供水管网水流方向一致。

（4）应在进水侧安装过滤器，并宜在其前后安装控制阀。

（5）可调式减压阀宜水平安装，阀盖应向上。

（6）比例式减压阀宜垂直安装。当水平安装时，单呼吸孔减压阀的孔口应向下，双呼吸孔减压阀的孔口应呈水平位置。

（7）安装自身不带压力表的减压阀时，应在其前后相邻部位安装压力表。

4. 其他组件

（1）控制阀的规格、型号和安装位置均应符合设计要求；安装方向应正确，控制阀内应清洁、无堵塞、无渗漏；主要控制阀应加设启闭标志；隐蔽处的控制阀应在明显处设有指示其位置的标志。

（2）排气阀的安装应在系统管网试压和冲洗合格后进行；排气阀应安装在配水干管顶部、配水管的末端，且应确保无渗漏。

（3）末端试水装置和试水阀的安装位置应便于检查、试验，并应有相应排水能力的排水设施。

5.3 管道试压、冲洗和调试

5.3.1 管道试压、冲洗

1. 水压强度试验和水压严密性试验

（1）管道安装完毕即进行管道试压，将需要试验的分层或分区与其他地方采用盲板隔离开来。对不能参与试压的设备、仪表、阀门及附件应加以隔离或拆除；加设的临时盲板应具有突出于法兰的边耳，且应做明显标志，并记录临时盲板的数量。同时用丝堵将喷嘴所安装位置临时堵上。同时在分区最不利点（最低、最高点）安装压力检测表。

当系统设计工作压力等于或小于 1.0MPa 时，水压强度试验压力应为设计工作压力的 1.5 倍，并不应低于 1.4MPa；当系统设计工作压力大于 1.0MPa 时，水压强度试验压力应为该工作压力加 0.4MPa。

（2）水压强度试验的测试点应设在系统管网的最低点。对管网注水时，应将管网内的空气排净，并应缓慢升压；达到试验压力后，稳压 30min 后，管网应无泄漏、无变形，且压力降不应大于 0.05MPa。

水压严密性试验应在水压强度试验和管网冲洗合格后进行。试验压力应为设计工作压力，稳压 24h 应无泄漏。

（3）自动喷水灭火系统的水源干管、进户管和室内埋地管道，应在回填前单独或与系统一起进行水压强度试验和水压严密性试验。

系统试压过程中，当出现泄漏时，应停止试压，并应放空管网中的试验介质；消除缺陷后，重新再试。

（4）试压完毕由泄水装置进行放水、并拆除与干管隔离的堵板并恢复与主管连接。

2. 气压试验

气压试验的介质宜采用空气或氮气。气压严密性试验压力应为 0.28MPa，且稳压 24h，压力降不应大于 0.01MPa。

3. 管网冲洗

管网冲洗应在试压合格后分段进行。管网冲洗宜用清水进行。冲洗前，应对系统的仪表采取保护措施。冲洗前，应对管道支架、吊架进行检查，必要时应采取加固措施。对不能经受冲洗的设备和冲洗后可能存留污物、杂物的管段，应进行清理。

（1）冲洗顺序应先室外，后室内；先地下，后地上；室内部分的冲洗应按配水干管、配水管、配水支管的顺序进行。

（2）冲洗直径大于 100mm 的管道时，应对其死角和底部进行敲打，但不得损伤管道。

（3）管网冲洗的水流流速、流量不应小于系统设计的水流流速、流量；管网冲洗宜分区、分段进行；水平管网冲洗时，其排水管位置应低于配水支管。

（4）管网冲洗的水流方向应与灭火时管网的水流方向一致。

（5）管网冲洗宜设临时专用排水管道，其排放应畅通和安全。排水管道的截面面积不得小于被冲洗管道截面面积的60%。

（6）管网的地上管道与地下管道连接前，应在配水干管底部加设堵头后，对地下管道进行冲洗。

（7）管网冲洗应连续进行。当出口处水的颜色、透明度与入口处水的颜色、透明度基本一致时，冲洗方可结束。

（8）管网冲洗结束后，应将管网内的水排除干净，必要时可采用压缩空气吹干。

5.3.2 系统调试

系统调试应在系统施工完成后进行。

1. 水源测试

按设计要求核实消防水箱、消防水池的容积，消防水箱设置高度应符合设计要求；消防储水应有防止它用的技术措施。

按设计要求核实消防水泵接合器的数量和供水能力，并通过移动式消防水泵做供水试验进行验证。

2. 消防水泵调试

以自动或手动方式启动消防水泵时，消防水泵应在30s内投入正常运行。

以备用电源切换方式或备用泵切换启动消防水泵时，消防水泵应在30s内投入正常运行。

3. 稳压泵

稳压泵应按设计要求进行调试。当达到设计启动条件时，稳压泵应立即启动；当达到系统设计压力时，稳压泵应自动停止运行；当消防主泵启动时，稳压泵应停止运行。

4. 报警阀

湿式报警阀调试时，在试水装置处放水，当湿式报警阀进口水压大于 0.14MPa、放水流量大于 1L/s 时，报警阀应及时启动；带延迟器的水力警铃应在 5～90s 内发出报警铃声，不带延迟器的水力警铃应在 15s 内发出报警铃声；压力开关应及时动作，并反馈信号。

干式报警阀调试时，开启系统试验阀，报警阀的启动时间、启动点压力、水流到试验装置出口所需时间，均应符合设计要求。

雨淋阀调试宜利用检测、试验管道进行。自动和手动方式启动的雨淋阀，应在 15s 之内启动；公称直径大于 200mm 的雨淋阀调试时，应在 60s 之内启动。雨淋阀调试时，当报警水压为 0.05MPa，水力警铃应发出报警铃声。

5. 排水设施调试

调试过程中，系统排出的水应通过排水设施全部排走。开启主排水阀，应按系统最大设计灭火水量做排水试验，并使压力达到稳定。

6. 联动试验

湿式系统的联动试验，启动 1 只喷头或以 0.94～1.5L/s 的流量从末端试水装置处放水时，水流指示器、报警阀、压力开关、水力警铃和消防水泵等应及时动作，并发出相应的信号。

预作用系统、雨淋系统、水幕系统的联动试验，可采用专用测试仪表或其他方式，对火灾自动报警系统的各种探测器输入模拟火灾信号，火灾自动报警控制器应发出声光报警信号并启动自动喷水灭火系统；采用传动管启动的雨淋系统、水幕系统联动试验时，启动 1 只喷头，雨淋阀打开，压力开关动作，水泵启动。

干式系统的联动试验，启动 1 只喷头或模拟 1 只喷头的排气量排气，报警阀应及时启动，压力开关、水力警铃动作并发出相应信号。

6 建筑采暖系统管道及散热器安装

6.1 采暖管道及配件安装

采暖系统按采暖介质分为热水采暖系统和蒸汽采暖系统。热水采暖又分热水温度不超过 100℃ 的低温水系统和热水温度在 110～150℃ 的高温水系统两类。在低温水采暖系统中分自然和机械循环两种，高温水采暖系统中都采用机械循环。

6.1.1 采暖管道连接与敷设

1. 一般规定

（1）使用的材料和设备在安装前，应该按设计要求检查规格、型号和质量。安装前，必须清除内部污垢和杂物。

（2）暖气管道的安装顺序，一般是先安装室外干管，然后再装室内干管，干管安装好以后再安装立支管，暖气立支管应横平竖直；暖气片组保持水平；在立管上每层要安设一个立管卡子。连接散热器的支管应保有坡度。

（3）管道穿过基础、墙壁和楼板，应该配合土建预留孔洞。

（4）管道穿过墙壁和楼板，应该设置薄钢板套管或钢套管。安装在墙壁内的套管，其两端应与饰面相平。管道穿过外墙或基础时，套管直径比管道直径大二号为宜。

安装在楼板内的套管，其顶部要高出地面 20mm，底部与楼板底面相平。管道穿过容易积水的房间楼板，加设钢套管，其顶部应高出地面不小于 30mm。

（5）采暖支立管有双管式和单管式。双管式两支管的中心距离为 80mm，允许偏差 5mm。供回水管排列位置，应面向操作人，右供左回排列。

（6）采暖主支管嵌墙暗装时，应在土建砌砖墙时预留墙槽，墙槽尺寸应符合设计要求或按给水管规定预留尺寸执行。嵌墙暗装的立支管应做绝热层。土建墙面的粉刷和装饰，应待管道水压试验合格且绝热层施工完成后进行施工。

（7）采暖管道应有坡度，设计未注明时，应符合下列要求：

1）气、水同向流动的热水采暖管道和汽、水同向流动的蒸汽管道及凝结水管道，坡度应为3‰，不得小于2‰。

2）气、水逆向流动的热水采暖管道和汽、水逆向流动的蒸汽管道，坡度不应小于5‰。

3）散热器支管的坡度应为1‰，坡向应利于排气和泄水。

（8）采暖系统入口装置及分户热计量系统入户装置应符合设计要求。安装位置便于检修、维护和观察。

（9）焊接钢管管径大于320mm的管道转弯，在作为自然补偿时应使用煨弯。塑料管及复合管除必须使用直角弯头的场合外应使用管道直接弯曲转弯。

（10）当采暖热媒为110～130℃的高温水时，管道可拆卸件应使用法兰，不得使用长丝和活接头。法兰垫料应使用耐热橡胶板。

2. 干管连接及敷设要求

（1）干管宜焊接或法兰连接。在高温水采暖系统中管径大于$DN\,32$的阀门和可拆卸件，应使用法兰连接。管径大于或等于$DN\,50$时宜采用气焊或氩弧焊。管径大于$DN\,50$的宜采用电焊。

（2）在管道干管上焊接垂直或水平分支管道时，干管开孔所产生的钢渣及管壁等废弃物不得残留管内，且分支管道在焊接时不得插入干管内。

（3）在干管上变径时，应采用偏心异径管，偏心位置应符合如下要求。

1）供汽管：汽、水同向流的应管底平，反向流的应管顶平。

2）供水管：水、气同向流的，应管顶平，反向流的应管底平。

3）回水管：水、气总是反向流的，应管顶平。

（4）架空布置的采暖干管，一般沿墙敷设，遇到墙面有突出立柱的，管道可移至柱外直线敷设，支架的横梁加长，避免绕柱。

（5）地面上沿墙敷设的，遇到墙面突出立柱时，管道应制成方型弯管绕柱敷设，方型弯管相当于方型补偿器，但弯管可采用冲压弯头或焊接弯头组成，也可采用曲率半径为 $2 \sim 2.5$ 倍外管径的弯管组成。

（6）地面上沿墙布置的水平管，在过门地沟处，最低处应安装放水丝堵，地沟上返高处应安装排气阀。

3. 热水采暖干管安装

（1）按施工草图，进行管段的加工预制，包括：断管、套螺纹、上零件、调直、核对好尺寸，按环路分组编号，码放整齐。

（2）卡架应按设计要求或规定间距安装。吊卡安装时，先把吊杆按坡向、顺序依次穿在型钢支架上，吊环按间距位置套在管上，再把管抬起穿上螺栓拧上螺母，将管固定。安装托架上的管道时，先把管就位在托架上，把第一节管装好 U 形卡，然后安装第二节管，以后各节管均照此进行，紧固好螺栓。

（3）干管安装应从进户或分支路点开始，装管前要检查管腔并清理干净。管道地上明设时，可在底层地面上沿墙敷设，过门时设过门地沟或绕行，如图 6-1 所示。

（4）分路阀门离分路点不宜过远。如分路处是系统的最低点，必须在分路阀门前加泄水丝堵。集气罐的进出水口，应开在偏下约为罐高的 1/3 处。螺纹连接应与管道连接调直后安装。其放风管应稳固，如不稳可装两个卡子，集气罐位于系统末端时，应装托、吊卡。

（5）采暖主立管和干管的分支与变径连接时应避免采用 T 形连接。当干管与分支管处同一平面水平连接时，分支干管应用羊角弯从上部接出；当分支干管与干管有安装标高差而做垂直连

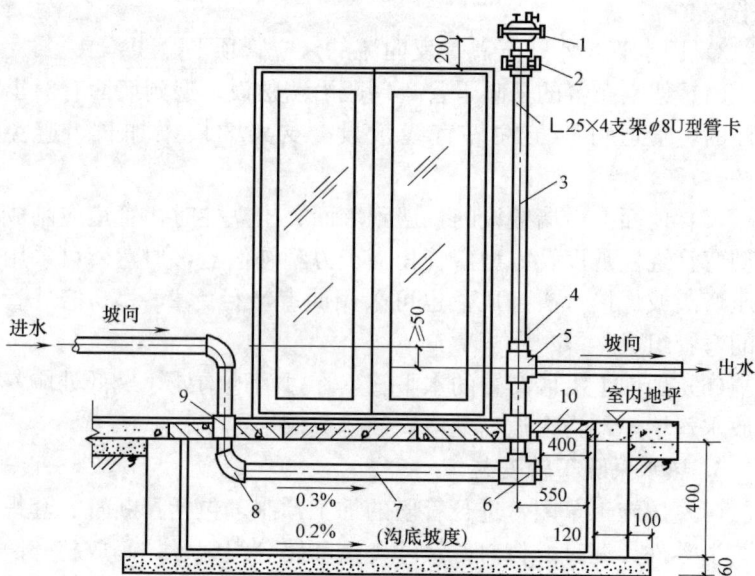

图 6-1　采暖管道过门示意图

1—排气阀；2—闸板阀；3—空气管；4—补心；5—三通；
6—丝堵；7—回水管；8—弯头；9—套管；10—盖板

接时，分支干管应用弯头从上部或下部接出，如图 6-2 所示。

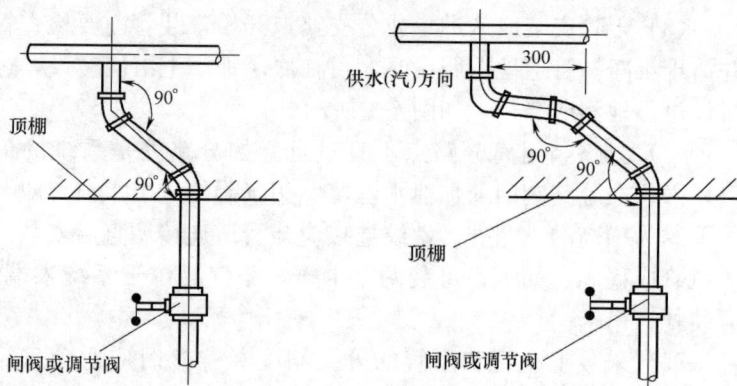

图 6-2　干、立管连接示意图

（6）采用焊接钢管，先把管段截断、调直，清理管道内外污物，将管运到安装地点，安装程序从第一节开始；把管就位找正，对准管口使预留口方向准确，找直后用气焊点焊固定（管径≤50mm 时点焊两点，管径≥70mm 时点焊三点），然后施焊，焊完后应保证管道正直。

（7）采暖管道变径应使用偏心大小头。蒸汽采暖管道供汽管应使管底齐平，蒸汽回水管应使用同心大小头，热水采暖管道变径时应使管顶齐平。制作的大小头，缩口长度应是管径的 1～1.5 倍，干管焊接支管处距管道变径缩口起点不应小于 200mm，如图 6-3 所示。

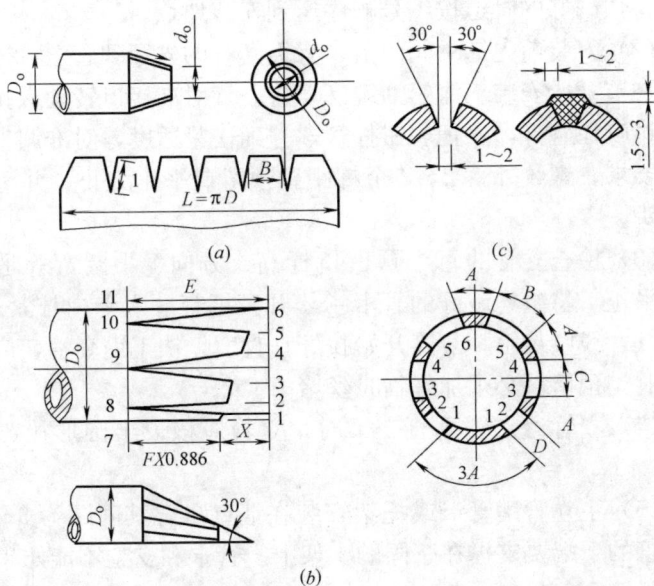

图 6-3 变径管制作示意图

(a) 同心变径；(b) 偏心变径；(c) 焊接坡口

（8）遇有补偿器，应在预制时按规范要求做好预拉伸，并作好记录。按位置固定，与管道连接好。波纹补偿器应按要求位置安装好导向支架和固定支架。并分别安装阀门、集气罐等附属设备。

（9）管道安装完，检查坐标、标高、预留口位置和管道变径等是否正确，然后找直，用水平尺校对复核坡度，调整合格后，再调整吊卡螺栓 U 形卡，使其松紧适度，平正一致，最后焊牢固定卡处的止动板。

（10）摆正或安装好管道穿结构处的套管，填堵管洞口，预留口处应加好临时管堵。

4. 热水采暖立管安装

（1）核对各层预留孔洞位置是否垂直，吊线、剔眼、栽卡子。将预制好的管道按编号顺序运到安装地点。

（2）安装前先卸下阀门盖，有钢套管的先穿到管上，按编号从第一节开始安装。涂铅油缠麻，将立管对准接口转动入扣，一把管钳咬住管件，一把管钳拧管，拧到松紧适度，对准调直时的标记要求，螺纹外露 2～3 个螺距，预留口平正为止，并清净外露麻头。

（3）检查立管的每个预留口标高、方向、半圆弯等是否准确、平正。将事先栽好的管卡子松开，把管放入卡内拧紧螺栓，用吊杆、线坠从第一节管开始找好垂直度，扶正钢套管，最后填堵孔洞，预留口必须加好临时丝堵。

（4）立管遇支管垂直交叉时，立管应该设半圆形让弯绕过支管。

（5）主立管用管卡或托架安装在墙壁上，其间距为 3～4m，主立管的下端要支撑在坚固的支架上。管卡和支架不能妨碍主立管的胀缩。

（6）当立管与预制楼板的主要承重部位相碰时，应将钢管弯制绕过，或在安装楼板时，把立管弯成乙字弯（也称来回弯）。也可以把立管缩到墙内，如图 6-4 所示。

5. 热水采暖支管安装

（1）检查散热器安装位置及立管预留口是否准确。量出支管

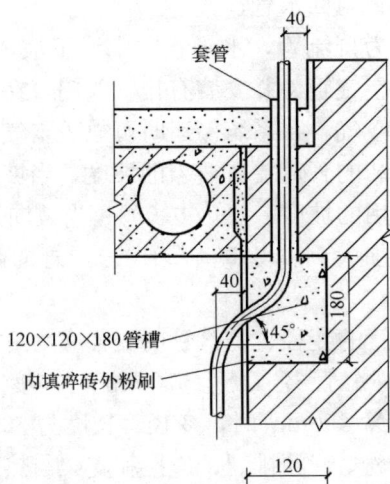

图 6-4 立管缩墙大样图

尺寸和灯叉弯的大小。（散热器中心距墙与立管预留口中心距墙之差）。

（2）配支管，按量出支管的尺寸，减去灯叉弯的量，然后断管、套螺纹、煨灯叉弯和调直。将灯叉弯两头抹铅油缠麻，装好活接头，连接散热器，把麻头清净。

（3）暗装或半暗装的散热器灯叉弯必须与炉片槽墙角相适应，达到美观。

（4）用钢尺、水平尺、线坠校对支管的坡度和平行距墙尺寸，并复查立管及散热器有无移动。按设计或规定的压力进行系统试压及冲洗，合格后办理验收手续，并将水泄净。

（5）立支管变径，不宜使用铸铁补芯，应使用变径管箍或焊接法。

6. 蒸汽管道安装

蒸汽采暖系统有上供下回式，下供下回式，上供上回式等多种布置方式，蒸汽上供式水平管坡向宜水流同向流动。下供式水平管坡向宜水流反向流动，在水平管进口集水处设疏水装置，疏水器后的凝结水管与回水管连接。

（1）回水管为自流管，水平管顺水流下坡，水流反向流动。回水管末端应有空气管，并安装有排气阀门，在系统开始允许时可排出水平管内空气，在系统停运时可放进空气排尽存水。

（2）水平安装的管道要有适当的坡度，当坡向与蒸汽流动方向一致时，应采用的坡度一般为0.003；当坡向与蒸汽流动方向相反时，坡度应加大到0.005~0.010。干管的翻身处及末端应设置疏水器。

（3）蒸汽干管的变径、供汽管的变径应为下平安装，凝结水管的变径为同心。管径 $DN \geqslant 70\text{mm}$ 时，变径管长度应 $\geqslant 300\text{mm}$；管径 $DN \leqslant 50\text{mm}$ 时，变径管长度为 200mm。

（4）蒸汽采暖立管的排列，连接和支架与热水采暖管相同。

（5）蒸汽采暖在上分式单管系统的立管底部，下分式单管系统的水平供汽管末端和高压蒸汽采暖系统的回水立管底部，均应安装疏水器。

（6）采用丝扣连接管道时，丝扣应松紧适度，不允许缠麻，涂好铅油，丝扣上至外露2~3扣，对准调直时印记为止。

（7）安装附属装置时，设备的进出口支管位置应设阀门，并在设备始端装设疏水器。

6.1.2　支、吊架安装

（1）采暖管道支架可采用活动支架和固定支架。依据基准线及管道的规格和管道支架间距来确定支架位置。采暖管道支架最大间距应符合设计和上述1.7.2中的有关规定。

（2）支架安装前应对制作好的支架进行除锈及清理焊渣，再刷防锈漆两遍（刷第二遍时应在第一遍防锈漆外表面干燥后进行，埋入墙内部分可不刷防锈漆）。

（3）埋入式支架安装：按照支架位置在墙、板打洞，孔洞的深度应不小于150mm，孔洞直径应比支架燕尾处大20mm。埋设支架前应把孔洞清理干净、湿润，用M10水泥砂浆堵洞，洞内的砂浆应饱满，支架埋入墙内的深度不小于120mm（可先将洞内填满砂浆，再插入支架，填满抹平），埋设的支架应养护72h后方可承托管道。

（4）焊接式支架安装：按照预埋铁件的位置，将铁件表面清理干净，依据基准线把支架焊接位置画在预埋铁件上，然后找准位置把支架先点焊在铁件上，经校对无误后，再把支架焊牢。

（5）包柱式支架安装：依据基准线，按支架的形式，用长螺栓将支架紧固在混凝土柱上，紧固螺栓时应边紧固边调整支架的高度和水平度。

（6）立管支架采用管卡，有单、双立管卡两种，分别用于单根立管，并行的两根立管的固定，规格为 $DN15 \sim DN50$。立管管卡安装，层高小于或等于5m，每层须安装1个；层高大于5m，每层不得少于2个。

6.1.3 采暖管道冲洗

为保证采暖管道系统内部的清洁，在投入使用前应对管道进行全面的清洗或吹洗，以清除管道系统内部的灰、砂、焊渣等污物。此项工作是采暖施工过程的组成工序，是必须认真实施的施工技术环节。

1. 清洗准备

（1）对照图纸，根据管道系统情况，确定管道分段吹洗方案，对暂不吹洗管段，通过分支管线阀门将之关闭。

（2）不允许吹扫的附件，如孔板、调节阀、过滤器等，应暂时拆下以短管代替；对减压阀、疏水器等，应关闭进水阀，打开旁通阀，使其不参与清洗，以防污物堵塞。

（3）不允许吹扫的设备和管道，应暂时用盲板隔开。

（4）吹出口的设置：气体吹扫时，吹出口一般设置在阀门前，以保证污物不进入关闭的阀体内；用水清洗时，清洗口设于系统各低点泄水阀处。

2. 管道的水清洗

管道清洗一般按总管—干管—立管—支管的顺序依次进行。当支管数量较多时，可视具体情况，关断某些支管逐根进行清洗，也可数根支管同时清洗。

采暖系统在使用前，应用水进行冲洗。冲洗水选用饮用水或工业用水。冲洗前，应将管道系统内的流量孔板、温度计、压力表、调节阀芯、止回阀芯等拆除，待清洗后再重新装上。

冲洗时，以系统可能达到的最大压力和流量进行，并保证冲洗水的流速不小于 1.5m/s。冲洗应连续进行，直到排出口处水的色度和透明度与入口处相同且无粒状物为合格。

3. 管道的蒸汽吹洗

蒸汽管道应采用蒸汽吹扫。蒸汽吹洗与蒸汽管道的通汽运行同时进行，即先进行蒸汽吹洗，吹洗后封闭各吹洗排放口，随即正式通汽运行。蒸汽吹洗应先进行管道预热。预热时应开小阀门用小量蒸汽缓慢预热管道，同时检查管道的固定支架是否牢固，管道伸缩是否自如，待管道末端与首端温度相等或接近时，预热结束，即可开大阀门增大蒸汽流量进行吹洗。

蒸汽吹洗应从总汽阀开始，沿蒸汽管道中蒸汽的流向逐段进行。一般每一吹洗管段只设一个排汽口。排汽口附近管道固定应牢固，排汽管应接至室外安全的地方，管口朝上倾斜，并设置明显标记，严禁无关人员接近。排汽管的截面积应不小于被吹洗管截面积的 75%。

蒸汽管道吹洗时，应关闭减压阀、疏水器的进口阀，打开阀前的排泄阀，以排泄管做排出口，打开旁通管阀门，使蒸汽进入管道系统进行吹洗。用总阀控制吹洗蒸汽流量，用各分支管上阀门控制各分支管道吹洗流量。蒸汽吹洗压力应尽量控制在管道设计工作压力的 75% 左右，最低不能低于工作压力的 25%。吹洗流量为设计流量的 40%～60%。每一排汽口的吹洗次数不应少于 2 次，每次吹洗 15～20min，并按升温—暖管—恒温—吹洗的顺序反复进行。蒸汽阀的开启和关闭都应缓慢，不应过急，以免引起水击而损伤阀件。

蒸汽吹洗的检验，可用刨光的木板置于排汽口处检查，以板上无锈点和污物为合格。对可能留存污物的部位，应用人工加以清除。蒸汽吹洗过程中不应使用疏水器来排除系统中的凝结水，而应使用疏水器旁通管疏水。

6.2 散热器的组对与安装

6.2.1 散热器组对

1. 组对操作

（1）铸铁散热器在组对前，应将其内部铁渣、砂粒等杂物清理干净，涂刷防锈漆（红丹漆）和银粉漆各一遍。其上的螺纹部分和连接用的对丝也应除锈并涂上机油。

（2）散热器上的铁锈必须全部清除；散热器每片上的各个密封面应用细砂布或断锯条打磨干净，直至露出金属本色。铸铁散热器的密封连接面处，宜采用鱼油浸泡过的环形牛皮纸垫圈予以密封，其厚度不大于1mm。

（3）组对铸铁散热器时，应使用以高碳钢制成的专用钥匙。专用钥匙应准备三把，两把短的用作组对，长度不宜大于450mm；一把长的用作修理，其长度应与片数最多的一组散热器等长。拆卸时，需用两把对丝钥匙伸进接口，穿入对丝，接连接的螺纹方向（左旋或右旋）旋转钥匙，把一对对的对丝卸下来，散热器片才能一片片卸下来。使用时，将扳手开槽一端插入管段，与管段内壁中的两个凸棱吻合后，就能对散热片进行装卸工作。

（4）组对铸铁散热器应平直紧密；上下两个对丝要同时拧动；紧好后在两片散热器之间的垫片不应露到颈外。

（5）组对时，通常在平台上进行，如图6-5所示。先将第一片平放，且应正扣朝上，先将两个对丝的正扣分别扭入散热器上

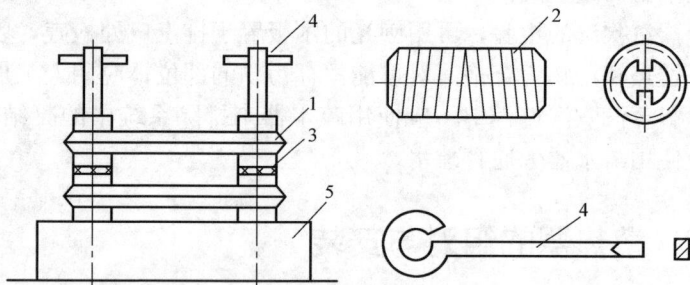

图 6-5　散热器的组对

1—散热器片；2—对丝；3—垫片；4—钥匙；5—组对平台

下接口内 1～2 个螺距，再将环形密封垫套在对丝上，然后将另一片的反扣分别对准上、下对丝的反扣，然后用两把钥匙将它们锁紧。

（6）锁紧散热器应由两人同时操作。钥匙的方头应正好卡在对丝内部的突缘处，转动钥匙要步调一致地进行，不得造成旋入深度不一致。当两个散热片的密封面相接触后，应减慢转动速度，直至垫片被挤出油为止。

（7）片式散热器组对数量，一般不宜超过下列数值：细柱形散热器（每片长度 50～60mm）25 片；粗柱形散热器（M132 型每片长度 82mm）20 片；长翼形散热器（大 60 每片长度 280mm）6 片；其他片式散热器每组的连接长度不宜超过 1.6m。

（8）当组对的片数达到设计要求后，应放倒散热器，再根据进水和出水的方向，为散热器装上补心和堵头。

（9）组对带腿散热器（如柱型散热器）在 15 片以下时，应有两片带腿片；如为 15～25 片时，中间再加上一片带腿的散热片。

2. 外拉条预制和安装

（1）根据散热器的片数和长度，计算出外拉条的长度尺寸，切断 $\phi 8 \sim \phi 10$ 的圆钢并进行调直，两端收头套好丝扣，将螺母上

154

好，除锈后刷防锈漆一遍。

（2）20 片及以上的散热器加外拉条，在每根外拉条端头套好一个骑码，从散热器上下两端外柱内穿入四根拉条，每根再套上一个骑码带上螺母；找直后用扳手均匀拧紧，丝扣外露不得超过一个螺母厚度。

3. 散热器水压试验

（1）散热器组对后，以及整组出厂的散热器在安装之前应作水压试验。试验压力如设计无要求时应为工作压力的 1.5 倍，但不得小于 0.6MPa。试验时间为 2～3min，压力不降且不渗不漏为合格，如图 6-6 所示。

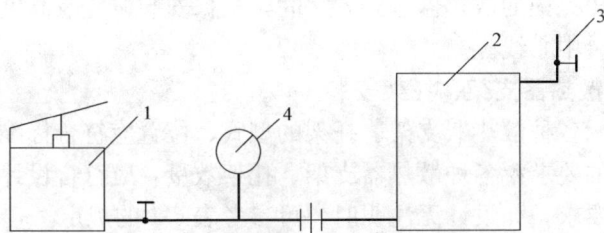

图 6-6　散热器组的水压试验
1—手压泵；2—散热器组；3—放气阀；4—压力表

（2）将散热器抬到试压台上，用管钳子上好临时炉堵和临时补心，上好放气阀，连接试压泵；各种成组散热器可直接连接试压泵。

（3）试压时打开进水阀门，往散热器内充水，同时打开放气阀，排净空气，待水满后关闭放气阀。

（4）加压到规定的压力值时，关闭进水阀门，持续 2～3min，观察每个接口是否有渗漏，不渗漏为合格。

（5）如有渗漏用铅笔做出记号，将水放尽，卸下炉堵或炉补心，用长杆钥匙从散热器外部比试，量到漏水接口的长度，在钥匙杆上做标记，将钥匙从散热器对丝孔中伸入至标记处，按丝扣旋紧的方向拧动钥匙，使接口继续上紧或卸下这一片的上下丝，检查对丝质量和密封面，找出原因修正后，更换对丝、垫片或坏散热器片，用长柄钥匙重行锁紧。钢制散热器如有砂眼渗漏可补焊。返修直到水压试验合格为止。

不能用的坏片要作明显标记（或用手锤将坏片砸一个明显的孔洞单独存放），防止再次混入好片中误组对。

（6）打开泄水阀门，拆掉临时丝堵和临时补心，泄净水后将散热器运到集中地点，补焊处要补刷二道防锈漆。

6.2.2 散热器安装

按设计图要求，利用所作的统计表将不同型号、规格和组对好并试压完毕的散热器运到各房间，根据安装位置及高度在墙上画出安装中心线。

1. 散热器支架、托架安装

（1）各种散热器支架、托架的型式、位置应符合标准图集或说明书的要求。各种散热器支架、托架数量，应符合设计或产品说明书要求。如设计无注明时，可参考表 6-1 的规定。

散热器支架、托架数量　　　　　　表 6-1

项次	散热器型式	安装方式	每组片数	上部托钩或卡架数	下部托钩或卡架数	合计
1	长翼型	挂墙	2～4	1	2	3
			5	2	2	4
			6	2	3	5
			7	2	4	6
2	柱型柱翼型	挂墙	3～8	1	2	3
			9～12	1	3	4
			13～16	2	4	6
			17～20	2	5	7
			21～25	2	6	8
3	柱型柱翼型	带足落地	3～8	1	—	1
			8～12	1	—	1
			13～16	2	—	2
			17～20	2	—	2
			21～25	2	—	2

（2）柱型带腿散热器托钩或卡架安装：从地面到散热器总高的 3/4 画水平线，与散热器中心线交点画印记，此为 15 片以下的双数片散热器的托钩或卡架的位置。单数片向一侧错过半片。16 片以上者应栽两个托钩或卡架，高度仍在散热器 3/4 高度的水平线上，从散热器两端各进去 4~6 片的地方栽入。

（3）挂装柱型散热器托钩或卡架安装：托钩高度应按设计要求并从散热器的距地高度上返 45mm 画水平线。托钩水平位置采用画线尺来确定，画线尺横担上刻有散热片的刻度。画线时应根据片数及托钩数量分布的相应位置，画出托钩安装位置的中心线，挂装散热器的固定卡高度从托钩中心上返散热器总高的 3/4 画水平线，其位置与安装数量同带腿片安装。

（4）用錾子或冲击钻等在墙上按画出的位置打孔洞。固定卡孔洞的深度不少于 80mm，托钩孔洞的深度不少于 120mm，现浇混凝土墙的深度为 100mm（使用膨胀螺栓应按膨胀螺栓的要求深度）。

（5）用水冲净洞内杂物，填入 M20 水泥砂浆到洞深的一半时，将托钩或卡架插入洞内，塞紧，用画线尺或 DN70 管放在托钩上，用水平尺找平、找正，填满砂浆抹平。

（6）各型散热器的托钩或卡架的数量和位置，应符合设计规定，设计无规定时，其布置如图 6-7 所示。

（7）用上述同样的方法将各组散热器全部托钩或卡架栽好；

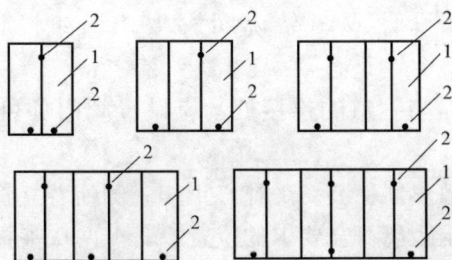

图 6-7　散热器托钩或卡架的布置

成排托钩或卡架需将两端钩、卡栽好，定点拉线，然后再将中间钩、卡按线依次栽好。

（8）托钩或卡架栽入砖墙的尺寸（不包括抹灰面）应不小于110mm。

2. 散热器安装

（1）三柱型散热器的安装，如图6-8所示。散热器底部离地面距离，一般不小于150mm；当散热器下部有管道通过时，距地高度可提高，但顶部必须低于窗台50mm。当地面标高一致时，散热器的安装高度也应该一致。

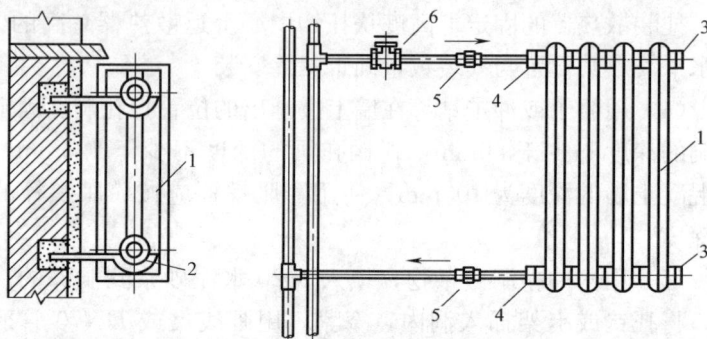

图6-8　三柱型散热器安装示意图
1—散热器组；2—托架；3—专用丝堵；4—专用补心；
5—活接头（油任、由任）；6—截止阀

（2）散热器应平行于墙面安装，散热器背面与装饰后墙内表面距离应符合设计或产品说明书要求，如设计无注明应为30mm。

（3）散热器与管道的连接处，应设置阀门和可供拆卸的活接头。

（4）带腿散热器稳装。炉补心正扣一侧朝着立管方向，将卡架里边螺母上至距离符合要求的位置，套上两块夹板，固定在里柱上，带上外螺母，把散热器推到固定的位置，再把卡架的两块夹板横过来放平正，用自制管扳子拧紧螺母到一定程度后，将散热器找直、找正，垫牢后上紧螺母。

（5）将挂装柱型散热器和辐射对流散热器轻轻抬起放在托钩上立直，将固定卡摆正拧紧。

（6）圆翼型散热器安装。将组装好的散热器抬起，轻放在手钩上找直找正。多排串联时，先将法兰临时上好，然后量出尺寸，配管连接。

（7）圆翼形散热器水平安装时，纵翼应竖向安装，托钩或卡架处的纵翼应用钢锯整齐锯切掉。长翼形和圆翼形散热器安装时，翼面应朝墙，朝下安装。

（8）钢制闭式串片式和钢制板式散热器抬起挂在固定支架上，带上垫圈和螺母，紧到一定程度后找平找正，再拧紧到位。

3. 散热器放气阀安装

（1）按设计要求，将需要钻放气阀眼的炉堵放在台钻上打$\phi 8.4$的孔，在台虎钳上用$1/8''$丝锥攻丝。

（2）将炉堵抹好铅油，加好垫片，在散热器上用管钳子上紧。在放风阀丝扣上抹铅油，缠少许麻丝，拧在炉堵上，用扳手上到松紧适度，放风孔向外斜45°（宜在综合试压前安装）。

（3）钢制串片式散热器、扁管板式散热器按设计要求统计需打放风阀的散热器数量，在加工定货时提出要求，由厂家负责做好。

（4）钢板板式散热器的放气阀采用专用放气阀水口堵头，定货时提出要求。

（5）圆翼型散热器放气阀安装，按设计要求在法兰上打放气阀孔眼，作法同炉堵上装放风阀。

6.2.3　散热器支管安装

（1）散热器支管应有坡度，其坡度要求：汽水同向流动的热水采暖管道和汽水同向流动的蒸汽管道及凝结水管道坡度应为

3‰，不得小于 2‰汽水逆向流动的热水采暖管道和汽水逆向流动的蒸汽管道坡度不应小于 5‰，散热器支管的坡度应为 1‰，坡向应利于排气和泄水。

（2）散热器与墙间距应和立管一致，直管段不得有弯，接头应严密，不漏水。

（3）散热器支管过墙时，除应该加设套管外，还应注意支管不准在墙内有接头。

（4）支管上安装阀门时，在靠近散热器一侧应该与可拆卸件连接。

（5）散热器支管安装，应在散热器与立管安装完毕之后进行，也可与立管同时进行安装。

（6）安装时一定要把钢管调整合适后再进行碰头，以免弄歪支、立管。

6.3　低温热水地板辐射采暖系统的安装

低温热水地板辐射采暖一般系指温度不高于 55℃的热水在加热管内循环流动以加热地面的供暖方式。预制轻薄供暖板供暖地面构造可按图 6-9 所示。

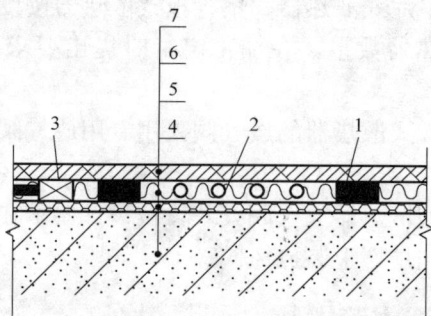

图 6-9　与供暖房间相邻的预制轻薄供暖板供暖地面构造
1—木龙骨；2—加热管；3—二次分水器；4—楼板；5—可发性聚乙烯
（EPE）垫层；6—供暖板；7—木地板面层

6.3.1 加热管系统安装

1. 系统材料、设备检查

（1）系统管材可采用塑料管、铝塑复合管和无缝铜管。管材及管件、分水器和集水器及其连接件进场前应对其外观损坏等进行现场复验。

（2）加热供冷管应符合下列要求：

1）管道内外表面应光滑、平整、干净，不应有可能影响产品性能的明显划痕、凹陷、气泡等缺陷。

2）管径及壁厚应符合国家现行有关标准和设计文件的规定。

3）对管径大于或等于15mm的塑料管材，壁厚不应小于2.0mm；需要进行热熔焊接的塑料管材，其壁厚不得小于1.9mm。

（3）分水器、集水器及其连接件应符合下列要求：

1）分水器、集水器材料宜为铜质，应包括分、集水干管、主管关断阀或调节阀、泄水阀、排气阀、支路关断阀或调节阀和连接配件等。

2）内外表面应光洁，不得有裂纹、砂眼、冷隔、夹渣、凹凸不平及其他缺陷。表面电镀的连接件色泽应均匀，镀层应牢固，不得有脱镀的缺陷。

3）永久性的螺纹连接可使用厌氧胶密封粘接；可拆卸的螺纹连接可使用厚度不超过0.25mm的密封材料密封连接。

4）铜制金属连接件与管材之间的连接结构形式宜采用卡套式、卡压式或滑紧卡套冷扩式夹紧结构。

（4）阀门、分水器、集水器组件安装前应做强度和严密性试验，并应符合下列要求：

1）试验应在每批数量中抽查10%，且不得少于1个；对安装在分水器进口、集水器出口及旁通管上的旁通阀门应逐个作强度和严密性试验，试验合格后方可使用。

2）强度试验压力应为工作压力的1.5倍，严密性试验压力应为工作压力的 1.1 倍；强度和严密性试验持续时间应为 15s，其间压力应保持不变，且壳体、填料及阀瓣密封面应无渗漏。

2. 加热管布管

加热管应按设计图纸标定的管间距和走向敷设，加热管应保持平直，管间距的安装误差不应大于 10mm。常见的加热管布管形式如图 6-10～图 6-12 所示。

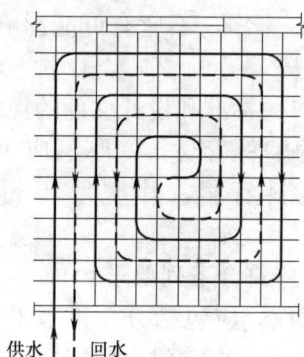

图 6-10　加热管回折型布置

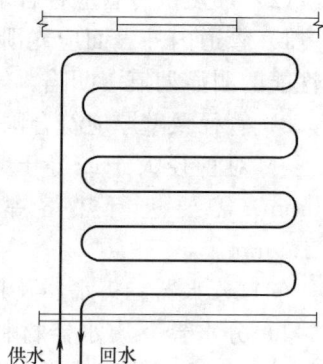

图 6-11　加热管平行型布置

3. 加热管、输配管安装

（1）加热管敷设前，应对照施工图纸核定加热管的选型、管径、壁厚，并应检查加热管外观质量，管内部不得有杂质。加热管安装间断或完毕时，敞口处应随时封堵。

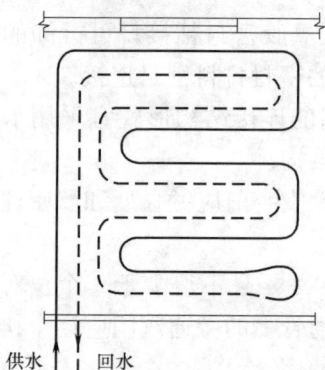

图 6-12　加热管双平行型布置

（2）加热管及输配管切割应采用专用工具，切口应平整，断口面应垂直管轴线。

（3）加热管及输配管弯曲敷设时应符合下列要求：

1）圆弧的顶部应用管卡进

行固定。

2）塑料管弯曲半径不应小于管道外径的 8 倍，铝塑复合管的弯曲半径不应小于管道外径的 6 倍，铜管的弯曲半径不应小于管道外径的 5 倍。

3）最大弯曲半径不得大于管道外径的 11 倍。

4）管道安装时应防止管道扭曲；铜管应采用专用机械弯管。

（4）混凝土填充式供暖地面距墙面最近的加热管与墙面间距宜为 100mm。

（5）埋设于填充层内的加热管及输配管不应有接头。在铺设过程中管材出现损坏、渗漏等现象时，应当整根更换，不应拼接使用。

（6）加热管应设固定装置。加热管弯头两端宜设固定卡；加热管直管段固定点间距宜为 500～700mm，弯曲管段固定点间距宜为 200～300mm。

（7）加热管或输配管穿墙时应设硬质套管。

（8）在分水器、集水器附近以及其他局部加热管排列比较密集的部位，当管间距小于 100mm 时，加热管外部应设置柔性套管。

（9）加热管或输配管出地面至分水器、集水器连接处，弯管部分不宜露出面层。加热管或供暖板输配管出地面至分水器、集水器下部阀门接口之间的明装管段，外部应加装塑料套管或波纹管套管，套管应高出面层 150～200mm。

（10）加热管或输配管与分水器、集水器连接应采用卡套式、卡压式挤压夹紧连接，连接件材料宜为铜质。铜质连接件直接与 PP-R 塑料管接触的表面必须镀镍。

（11）加热管的环路布置不宜穿越填充层内的伸缩缝，必须穿越时，伸缩缝处应设长度不小于 200mm 的柔性套管。

（12）填充层伸缩缝设置应与加热管的安装同步或在填充层施工前进行，并应符合下列要求：

1）当地面面积超过 $30m^2$ 或边长超过 6m 时，应按不大于

6m 间距设置伸缩缝，伸缩缝宽度不应小于 8mm；伸缩缝宜采用高发泡聚乙烯泡沫塑料板，或预设木板条待填充层施工完毕后取出，缝槽内满填弹性膨胀膏。

2）伸缩缝宜从绝热层的上边缘做到填充层的上边缘。

3）伸缩缝应有效固定，泡沫塑料板也可在铺设辐射面绝热层时挤入绝热层中。

（13）施工验收后，发现加热管或输配管损坏，塑料管和铝塑复合管增设接头时，应根据管材，采用热熔或电熔插接式连接，或卡套式、卡压式铜制管接头连接；采用卡套式、卡压式铜制管接头连接后，应在铜制管接头外表面做防腐处理，并应采用橡胶软管套，且两端做好密封；装饰层表面应有检修标识；铜管宜采用机械连接或焊接连接。

4. 分水器、集水器安装

（1）分水器、集水器上下位置，热计量装置设置在供水管或回水管，均可根据工程情况确定，图 6-13 为直接供暖系统分水器、集水器的设置示意图。

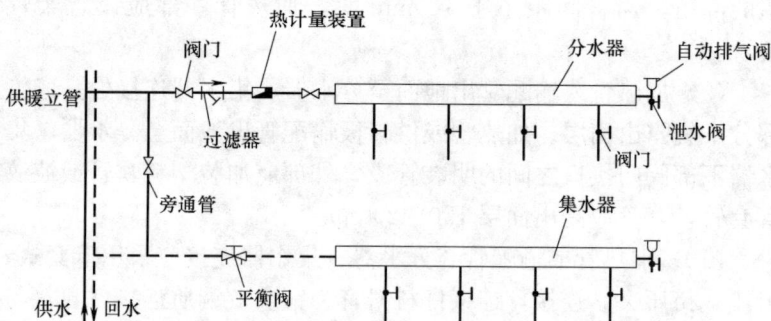

图 6-13 直接供暖系统分水器、集水器的设置示意图

（2）分水器、集水器宜在加热管敷设之前进行安装。水平安装时，宜将分水器安装在上，集水器安装在下，中心距宜为200mm，集水器中心距地面不应小于 300mm。

（3）输配管与其配水、集水装置的接头连接时，应采用专用工具将管道套到接头根部，再用专用固定卡子卡住，使其紧密连接。

（4）供暖板的配水、集水装置可采用暗装方式，也可采用明装方式。采用暗装方式时，宜与供暖板一起埋在面层下；采用明装方式时，配水、集水装置宜单独安装在外窗下的墙面上。

6.3.2　水压试验

管道敷设完成，经检查符合设计要求后应进行水压试验，水压试验压力应为工作压力的 1.5 倍，且不应小于 0.6MPa。在试验压力下，稳压 1h，其压力降不应大于 0.05MPa，且不渗不漏。

（1）水压试验应在系统冲洗之后进行，系统冲洗应对分水器、集水器以外主供、回水管道进行冲洗，冲洗合格后再进行室内供暖系统的冲洗。

（2）水压试验之前，应对试压管道和构件采取安全有效的固定和保护措施。

（3）水压试验应以每组分水器、集水器为单位，逐回路进行。

（4）混凝土填充式地面辐射供暖户内系统试压应进行两次，分别在浇筑混凝土填充层之前和填充层养护期满后进行；预制沟槽保温板、供暖板和毛细管网户内系统试压应进行两次，分别在铺设面层之前和之后进行。

（5）冬季进行水压试验时，在有冻结可能的情况下，应采取可靠的防冻措施，试压完成后应及时将管内的水吹净、吹干。

6.3.3　试运行与调试

（1）辐射供暖系统未经调试，严禁运行使用。

（2）辐射供暖系统的试运行调试，应在施工完毕且养护期满后，且具备正常供暖条件下，由施工单位在建设单位配合下进行。

（3）初始供暖时，水温变化应平缓。供暖系统的供水温度应控制在高于室内空气温度 10℃左右，且不应高于 32℃，并应连续运行 48h；以后每隔 24h 水温升高 3℃，直至达到设计供水温度，并保持该温度运行不少于 24h；在设计供水温度下应对每组分水器、集水器连接的加热管逐路进行调节，直至达到设计要求。

6.4　室内采暖系统水压、冲洗和调试

6.4.1　水压试验

1. 水压试验管路连接

（1）根据水源的位置和工程系统情况，制定出试压程序和技术措施，再测量出各连接管的尺寸，标注在连接图上。

（2）断管、套螺纹、上管件及阀件，准备连接管路。

（3）一般选择在系统进户入口供水管的甩头处，连接至加压泵的管路。

（4）在试压管路的加压泵端和系统的末端安装压力表及表弯管。

2. 灌水前的检查

（1）检查全系统管路、设备、阀件、固定支架、套管等，必须安装无误。各类连接处均无遗漏。

（2）根据全系统试压或分系统试压的实际情况，检查系统上各类阀门的开、关状态，不得漏检。试压管道阀门全打开，试验管段与非试验管段连接处应予以隔断。

（3）检查试压用的压力表灵敏度。

（4）水压试验系统中阀门都处于全关闭状态。待试压中需要开启再打开。

3. 水压试验操作

（1）打开水压试验管路中的阀门，开始向供暖系统注水。

（2）开启系统上各高处的排气阀，使管道及供暖设备里的空气排尽。待水灌满后，关闭排气阀和进水阀，停止向系统注水。

（3）打开连接加压泵的阀门，用电动打压泵或手动打压泵通过管路向系统加压，同时拧开压力表上的旋塞阀，观察压力逐渐升高的情况，一般分 2～3 次升至试验压力。在此过程中，每加压至一定数值时，应停下来对管道进行全面检查，无异常现象方可再继续加压。

（4）试验压力应符合设计要求。当设计未注明时，应符合下列要求：

1）蒸汽、热水采暖系统。应以系统顶点工作压力加 0.1MPa 作水压试验。同时在系统顶点的试验压力不小于 0.3MPa。

2）高温热水采暖系统。试验压力应为系统顶点工作压力加 0.4MPa。

3）使用塑料管及复合管的热水采暖系统，应以系统顶点工作压力加 0.2MPa 作水压试验。同时在系统顶点的试验压力不小于 0.4MPa。

检验方法：使用钢管及复合管的采暖系统应在试验压力下 10min 内压力降不大于 0.02MPa。降至工作压力后检查，不渗、不漏。

使用塑料管的采暖系统应在试验压力下 1h 内压力降不大于 0.05MPa，然后降压至工作压力的 1.15 倍。稳压 2h，压力降不大于 0.03MPa。同时各连接处不渗、不漏。

系统工作压力按循环水泵扬程确定，试验压力由设计确定，以不超过散热器承压能力为原则。

（5）高层建筑其系统低点如果大于散热器所能承受的最大试验压力，则应分层进行水压试验。

（6）试压过程中，用试验压力对管道进行预先试压，其延续时间应不少于 10min。然后将压力降至工作压力，进行全面外观检查，在检查中，对漏水或渗水的接口作上记号，便于返修。在

5min 内压力降不大于 0.02MPa 为合格。

（7）系统试压达到合格验收标准后，放掉管道内的全部存水。不合格时应待补修后，再次按前述方法二次试压。

（8）拆除试压连接管路，将入口处供水管用盲板临时封堵严实。

6.4.2　室内采暖系统冲洗

系统试压合格后，应对系统进行冲洗并清扫过滤器及除污器。

1. 热水采暖系统的冲洗

首先检查全系统内各类阀件的关启状态，须关闭系统上的全部阀门，应关紧、关严。并拆下除污器、自动排气阀等。

（1）水平供水干管及总供水立管的冲洗。先将自来水管接进供水水平干管的末端，再将供水总立管进户处接往排水管。打开排水口的控制阀，再开启自来水进口控制阀，进行反复冲洗。依次对系统的各个分路供水水平干管分别进行冲洗。冲洗结束后，先关闭自来水进口阀，后关闭排水口控制阀门。

（2）系统上立管及回水水平导管冲洗。冲洗水连通进口可不动，将排水出口连通管改接至回水管总出口处。关上供水总立管上各个分环管路的阀门。先打开排水口的总阀门，再打开靠近供水总立管边的第一个立支管上的全部阀门，最后打开自来水入口处阀门进行第一分立支管的冲洗。冲洗结束时，先关闭进水口阀门，再关闭第一分立支管上的阀门。按此顺序分别对第二、三……各环路上各根立支管及水平回路的导管进行冲洗。若为同程式系统，则从最远的立支管开始冲洗为宜。

（3）冲洗中，管路通畅，无堵塞现象，当排入下水道的冲洗水为清净水时可认为冲洗合格。全部冲洗后，再以流速 $1\sim 1.5\text{m/s}$ 的速度进行全系统循环，延续 20h 以上，循环水色透明为合格。

（4）全系统循环正常后，把系统回路按设计要求连接好。

2. 蒸汽采暖供热系统吹扫

（1）蒸汽供热系统的吹扫采用蒸汽为宜，也可采用压缩空气进行。吹洗前应将疏水器等拆除，排气管须设置牢固支架，其他程序同热水系统冲洗。

（2）蒸汽吹洗时，应缓慢升温，以恒温 1h 左右进行吹扫为宜。然后自降温至室温，再升温、暖管、恒温进行二次吹扫，直到吹扫合格。

（3）蒸汽排出口可设置一块刨光的木板，板上无锈蚀物及污物为合格。

6.4.3　系统调试

（1）管道系统清洗完毕，应带热源进行系统调试。调试前应将暖气入口供、回水阀门和系统分立管的供水阀门全部关闭。

（2）热源接通后，应缓慢开启供水阀再开启回水阀，开始先打开系统最高点的排气阀，指定专人看管。慢慢打开系统回水干管的阀门，待最高点的排气阀见水后立即关闭。然后开启总进口供水管的阀门，最高点的排气阀须反复开闭数次，直至将系统中冷空气排净。同时观察压力表和温度计是否符合要求，检查补偿器和固定支架有无变化。

（3）分立管的阀门应顺热源方向单根开启，分层有人检查（并配备灵敏可靠的通信工具）无问题后再开启下一根立管阀门。

（4）在巡视检查中如发现隐患，应尽量关闭小范围内的供、回水阀门，及时处理和抢修。修好后随即开启阀门。

（5）遇有不热处要先查明原因。如需冲洗检修，先关闭供、回水阀，泄水后再先后打开供、回水阀门，反复放水冲洗。冲洗完后再按上述程序通暖运行，直到运行正常为止。

（6）待全部立管开启无问题后，系统连续运行 24h 后，应对系统的各个房间进行温度测试，测试时，测温仪的位置应置于房间中心 1m 高处。

7 室内燃气管道安装

本章适用于供气压力小于或等于 0.8MPa（表压）的室内燃气管道安装的施工。

7.1 室内燃气管道安装

7.1.1 管道切割、弯制加工

1. 燃气管道切割

（1）碳素钢管宜采用机械方法或氧-可燃气体火焰切割。

（2）薄壁不锈钢管应采用机械或等离子弧方法切割；当采用砂轮切割或修磨时，应使用专用砂轮片。

（3）铜管应采用机械方法切割。

（4）不锈钢波纹软管和燃气用铝塑复合管应使用专用管剪切割。

2. 管道切口

（1）切口表面应平整，无裂纹、重皮、毛刺、凹凸、缩口、熔渣等缺陷。

（2）切口端面（切割面）倾斜偏差不应大于管道外径的 1%，且不得超过 3mm；凹凸误差不得超过 1mm。

（3）应对不锈钢波纹软管、燃气用铝塑复合管的切口进行整圆。不锈钢波纹软管的外保护层，应按有关操作规程使用专用工具进行剥离后，方可连接。

3. 管道的现场弯制

（1）弯制时应使用专用弯管设备或专用方法进行。

（2）焊接钢管的纵向焊缝在弯制过程中应位于中性线位

置处。

（3）管道最小弯曲半径和最大直径、最小直径差值与弯管前管道外径的比率应符合表 7-1 的规定。

管道最小弯曲半径和最大直径、最小直径的差值
与弯管前管道外径的比率　　　　　　　　表 7-1

项　　目	钢管	铜管	不锈钢管	铝塑复合管
最小弯曲半径	$3.5D_o$	$3.5D_o$	$3.5D_o$	$5D_o$
弯管的最大直径与最小直径的差值与弯管前管道外径的比率	8%	9%	—	—

注：D_o 为管道的外径。

7.1.2　管道连接

1. 管道连接要求

（1）用户燃气管道的连接必须牢固、严密，不得断裂、脱落和漏气。

（2）燃气管道的连接方式应符合设计文件的规定。当设计文件无明确规定时，设计压力大于或等于 10kPa 的管道以及布置在地下室、半地下室或地上密闭空间内的管道，除采用加厚的低压管或与专用设备进行螺纹或法兰连接以外，应采用焊接的连接方式。

（3）室内燃气管道的连接应符合下列要求：

1）公称尺寸不大于 DN50 的镀锌钢管应采用螺纹连接；当必须采用其他连接形式时，应采取相应的措施。

2）无缝钢管或焊接钢管应采用焊接或法兰连接。

3）铜管应采用承插式硬钎焊连接，不得采用对接钎焊和软钎焊。

4）薄壁不锈钢管应采用承插氩弧焊式管件连接或卡套式、卡压式、环压式等管件机械连接。

5）不锈钢波纹软管及非金属软管应采用专用管件连接。

6）燃气用铝塑复合管应采用专用的卡套式、卡压式连接

方式。

（4）暗设的燃气管道除与设备、阀门的连接外，不应有机械接头。

2. 钢质管道的焊接

（1）管道与管件的坡口与组对：

1）管道与管件的坡口形式和尺寸应符合设计文件的规定。

2）等壁厚对接焊件内壁应齐平，内壁错边量不应大于 1mm。

3）当不等壁厚对接焊件组对且其内壁错边量大于 1mm 或外壁错边量大于 3mm 时，应按现行国家标准《工业金属管道工程施工与验收规范》GB 50235 的规定进行修整。

（2）钢质管道宜采用手工电弧焊或手工钨极氩弧焊焊接，当公称尺寸小于或等于 DN40 时，也可采用氧-可燃气体焊接。

（3）焊条（料）、焊丝、焊剂的选用：

1）焊条（料）、焊丝、焊剂的选用应符合设计文件的规定。

2）严禁使用药皮脱落或不均匀、有气孔、裂纹、生锈或受潮的焊条。

（4）管道焊接时，应采取防风措施；焊缝严禁强制冷却。

（5）在管道上开孔接支管时，开孔边缘距管道环焊缝不应小于 100mm；当小于 100mm 时，应对环焊缝进行射线探伤检测；管道环焊缝与支架、吊架边缘之间的距离不应小于 50mm。

（6）管道对接焊缝质量应符合设计文件的要求。钢管焊接质量检验不合格的部位必须返修至合格。设计文件要求对焊缝质量进行无损检测时，对检验出现不合格的焊缝，应按下列规定检验与评定：

1）每出现一道不合格焊缝，应再抽检两道该焊工所焊的同一批焊缝，当这两道焊缝均合格时，应认为检验所代表的这一批焊缝合格。

2）当第二次抽检仍出现不合格焊缝时，每出现一道不合格焊缝应再抽检两道该焊工所焊的同一批焊缝，再次检验的焊缝均合格时，可认为检验所代表的这一批焊缝合格。

3）当仍出现不合格焊缝时，应对该焊工所焊全部同批的焊缝进行检验并应对其他批次的焊缝加大检验比例。

3. 钢制管道法兰连接

（1）在进行法兰连接前，应检查法兰密封面及密封垫片，不得有影响密封性能的缺陷。

（2）法兰的安装位置应便于检修，不得紧贴墙壁、楼板和管道支架。

（3）法兰连接应与管道同心，法兰螺孔应对正，管道与设备、阀门的法兰端面应平行，不得用螺栓强力对口。

（4）法兰垫片尺寸应与法兰密封面相匹配，垫片安装应端正，在一个密封面中严禁使用2个或2个以上的法兰垫片；当设计文件对法兰垫片无明确要求时，宜采用聚四氟乙烯垫片或耐油石棉橡胶垫片，使用前宜将耐油石棉橡胶垫片用机油浸泡。

（5）不锈钢法兰使用的非金属垫片，其氯离子含量不得超过50×10^{-6}。

（6）应使用同一规格的螺栓，安装方向应一致，螺母紧固应对称、均匀；螺母紧固后螺栓的外露螺纹宜为1~3扣，并应进行防锈处理。

（7）法兰焊接检验合格后，方可与相关设备进行连接。

4. 钢制管道螺纹连接

（1）钢管在切割或攻制螺纹时，焊缝处出现开裂，该钢管严禁使用。

（2）现场攻制的管螺纹数宜符合表7-2的规定。

现场攻制的管螺纹数 表7-2

管道公称尺寸 DN	$DN \leqslant DN20$	$DN\ 20 < DN \leqslant DN\ 50$	$DN\ 50 < DN \leqslant DN\ 65$	$DN\ 65 < DN \leqslant DN\ 100$
螺纹数	9~11	10~12	11~13	12~14

（3）钢管的螺纹应光滑端正，无斜丝、乱丝、断丝或脱落，缺损长度不得超过螺纹数的10%。

（4）管道螺纹接头宜采用聚四氟乙烯胶带做密封材料，当输送湿燃气时，可采用油麻丝密封材料或螺纹密封胶。

（5）拧紧管件时，不应将密封材料挤入管道内，拧紧后应将外露的密封材料清除干净。

（6）管件拧紧后，外露螺纹宜为 1～3 扣，钢制外露螺纹应进行防锈处理。

（7）当铜管与球阀、燃气计量表及螺纹连接的管件连接时，应采用承插式螺纹管件连接；弯头、三通可采用承插式铜管件或承插式螺纹连接件。

5. 铜管的钎焊连接

（1）钎焊前，应除去钎焊处铜管外壁与管件内壁表面的污物及氧化物。

（2）钎焊前，应将铜管插入端与承口处的间隙调整均匀。

（3）钎料宜选用含磷脱氧元素的铜基无银或低银钎料，铜管之间钎焊时可不添加钎焊剂，但与铜合金管件钎焊时，应添加钎焊剂。

（4）钎焊时应均匀加热被焊铜管及接头，当达到钎焊温度时加入钎料，应使钎料均匀渗入承插口的间隙内，加热温度宜控制在 645～790℃之间，钎料填满间隙后应停止加热，保持静止冷却，然后将钎焊部位清理干净。

（5）钎焊后必须进行外观检查，钎焊缝应圆滑过渡，钎焊缝表面应光滑，不得有较大焊瘤及铜管件边缘熔融等缺陷。

6. 铝塑复合管的连接

（1）铝塑复合管的质量及铝塑复合管连接管件的质量应符合国家现行标准的规定，并应附有质量合格证书。

（2）连接用的管件应与管材配套，并应用专用工具进行操作。

（3）应使用专用刮刀将管口处的聚乙烯内层削坡口，坡角为 20°～30°，深度为 1.0～1.5mm，且应用清洁的纸或布将坡口残屑擦干净。

（4）连接时应将管口整圆，并修整管口毛刺，保证管口端面与管轴线垂直。

7.1.3 管道敷设

1. 管道敷设要求

（1）在燃气管道安装过程中，未经原建筑设计单位的书面同意，不得在承重的梁、柱和结构缝上开孔，不得损坏建筑物的结构和防火性能。

（2）燃气管道不得穿过卧室、易燃易爆物品仓库、配电间、变电室、电梯井、电缆（井）沟、烟道、进风道和垃圾道等场所。

（3）用户燃气立管、调压器和燃气表前、燃具前、测压点前、放散管起点等部位应设置手动快速式切断阀。

（4）当燃气管道穿越管沟、建筑物基础、墙和楼板时应符合下列要求：

1）燃气管道必须敷设于套管中，且宜与套管同轴。

2）套管内的燃气管道不得设有任何形式的连接接头（不含纵向或螺旋焊缝及经无损检测合格的焊接接头）。

3）套管与燃气管道之间的间隙应采用密封性能良好的柔性防腐、防水材料填实，套管与建筑物之间的间隙应用防水材料填实。

（5）燃气管道穿过建筑物基础、墙和楼板所设套管的管径不宜小于表 7-3 的规定；高层建筑引入管穿越建筑物基础时，其套管管径应符合设计文件的规定。

（6）燃气管道穿墙套管的两端应与墙面齐平；穿楼板套管的上端宜高于最终形成的地面 5cm，下端应与楼板底齐平。

燃气管道的套管公称尺寸 表 7-3

燃气管	DN10	DN15	DN20	DN25	DN32	DN40	DN50	DN65	DN80	DN100	DN150
套管	DN25	DN32	DN40	DN50	DN65	DN65	DN80	DN100	DN125	DN150	DN200

（7）室内明设或暗封形式敷设的燃气管道与装饰后墙面的净距，应满足维护、检查的需要并宜符合表 7-4 的要求；铜管、薄

壁不锈钢管、不锈钢波纹软管和铝塑复合管与墙之间净距应满足安装的要求。

室内燃气管道与装饰后墙面的净距 　　表 7-4

管道公称尺寸	<DN25	DN25～DN40	DN50	>DN50
与墙净距(mm)	≥30	≥50	≥70	≥90

（8）当室内燃气管道与电气设备、相邻管道、设备平行或交叉敷设时，其最小净距应符合表 7-5 的要求。

室内燃气管道与电气设备、相邻管道、设备之间的最小净距（cm）

表 7-5

名　　称		平 行 敷 设	交 叉 敷 设
电气设备	明装的绝缘电线或电缆	25	10
	暗装或管内绝缘电线	5（从所作的槽或管道的边缘算起）	1
	电插座、电源开关	15	不允许
	电压小于 1000V 的裸露电线	100	100
	配电盘、配电箱或电表	30	不允许
相邻管道		应保证燃气管道、相邻管道的暗装、检查和维修	2
燃具		主立管与燃具水平净距不应小于 30cm；灶前管与燃具水平净距离不得小于 20cm；当燃气管道在燃具上方通过时，应位于抽油烟机上方，且与燃具的垂直净距应大于 100cm	

注：1. 当明装电线加绝缘套管且套管的两端各伸出燃气管道 10m 时，套管与燃气管道的交叉净距可降至 1cm。

2. 当布置确有困难时，采取有效措施后可适当减小净距。

3. 灶前管不含铝塑复合管。

2. 暗埋形式敷设燃气管道

（1）埋设管道的管槽不得伤及建筑物的钢筋。管槽宽度宜为管道外径加 20mm，深度应满足覆盖层厚度不小于 10mm 的要求。未经原建筑设计单位书面同意，严禁在承重的墙、柱、梁、板中暗埋管道。

（2）暗埋管道不得与建筑物中的其他任何金属结构相接触，当无法避让时，应采用绝缘材料隔离。

（3）暗埋管道不应有机械接头。

（4）暗埋管道宜在直埋管道的全长上加设有效地防止外力冲击的金属防护装置，金属防护装置的厚度宜大于 1.2mm。当与其他埋墙设施交叉时，应采取有效的绝缘和保护措施。

（5）暗埋管道在敷设过程中不得产生任何形式的损坏，管道固定应牢固。

（6）在覆盖暗埋管道的砂浆中不应添加快速固化剂。砂浆内应添加带色颜料作为永久色标。当设计无明确规定时，颜料宜为黄色。安装施工后还应将直埋管道位置标注在竣工图纸上，移交建设单位签收。

3. 立管安装要求

立管安装应垂直，每层偏差不应大于 3mm/m 且全长不大于 20mm。当因上层与下层墙壁壁厚不同而无法垂于一线时，宜做乙字弯进行安装。当燃气管道垂直交叉敷设时，大管宜置于小管外侧。

4. 敷设在管道竖井内的燃气管道

（1）管道安装宜在土建及其他管道施工完毕后进行。

（2）当管道穿越竖井内的隔断板时，应加套管；套管与管道之间应有不小于 10mm 的间隙。

（3）燃气管道的颜色应明显区别于管道井内的其他管道，宜为黄色。

（4）燃气管道与相邻管道的距离应满足安装和维修的需要。

（5）敷设在竖井内的燃气管道的连接接头应设置在距该层地面 1.0～1.2m 处。

5. 铝塑复合管的安装

（1）不得敷设在室外和有紫外线照射的部位。

（2）公称尺寸小于或等于 $DN20$ 的管道，可以直接调直；

公称尺寸大于或等于 $DN25$ 的管道，宜在地面压直后进行调直。

（3）管道敷设的位置应远离热源。

（4）灶前管与燃气灶具的水平净距不得小于 0.5m，且严禁在灶具正上方。

（5）阀门应固定，不应将阀门自重和操作力矩传递至铝塑复合管。

6. 建筑物外敷设的燃气管道

（1）沿外墙敷设的中压燃气管道当采用焊接的方法进行连接时，应采用射线检测的方法进行焊缝内部质量检测。当检测比例设计文件无明确要求时，不应少于 5%，其质量不应低于现行国家标准《无损检测金属管道熔化焊环向对接接头射线照相检测方法》GB/T 12605 中的Ⅲ级。焊缝外观质量不应低于现行国家标准《现场设备、工业管道焊接工程施工及验收规范》GB 50236 中的Ⅲ级。

（2）沿外墙敷设的燃气管道距公共或住宅建筑物门、窗洞口的间距应符合现行国家标准《城镇燃气设计规范》GB 50028 的规定。

（3）管道外表面应采取耐候型防腐措施，必要时应采取保温措施。

（4）在建筑物外敷设燃气管道，当与其他金属管道平行敷设的净距小于 100mm 时，每 30m 之间至少应采用截面积不小于 6mm² 的铜绞线将燃气管道与平行的管道进行跨接。

（5）当屋面管道采用法兰连接时，在连接部位的两端应采用截面积不小于 6mm² 的金属导线进行跨接；当采用螺纹连接时，应使用金属导线跨接。

7. 燃气管道与燃具之间用软管连接

燃气管道与燃具之间用软管连接时应符合设计文件的规定，并应符合以下要求：

（1）软管与管道、燃具的连接处应严密，安装应牢固。

（2）当软管存在弯折、拉伸、龟裂、老化等现象时不得

178

使用。

（3）当软管与燃具连接时，其长度不应超过 2m，并不得有接口。

（4）当软管与移动式的工业用气设备连接时，其长度不应超过 30m，接口不应超过 2 个。

（5）软管应低于灶具面板 30mm 以上。

（6）软管在任何情况下均不得穿过墙、楼板、顶棚、门和窗。

（7）非金属软管不得使用管件将其分成两个或多个支管。

7.1.4 支架、管卡安装

（1）管道的支架应安装稳定、牢固，支架位置不得影响管道的安装、检修与维护。

（2）每个楼层的立管至少应设支架 1 处。

（3）当水平管道上设有阀门时，应在阀门的来气侧 1m 范围内设支架并尽量靠近阀门。

（4）与不锈钢波纹软管、铝塑复合管直接相连的阀门应设有固定底座或管卡。

（5）钢管支架的最大间距宜按表 7-6 选择；铜管支架的最大间距宜按表 7-7 选择；薄壁不锈钢管道支架的最大间距宜按表 7-8选择；不锈钢波纹软管的支架最大间距不宜大于 1m；燃气用铝塑复合管支架的最大间距宜按表 7-9 选择。

燃气用钢管支架最大间距　　　　　　表 7-6

公称直径	最大间距（m）	公称直径	最大间距（m）
DN15	2.5	DN100	7.0
DN20	3.0	DN125	8.0
DN25	3.5	DN150	10.0
DN32	4.0	DN200	12.0
DN40	4.5	DN250	14.5
DN50	5.0	DN300	16.5
DN65	6.0	DN350	18.5
DN80	6.5	DN400	20.5

燃气用铜管支架最大间距 表 7-7

外径(mm)	15	18	22	28	35	42	54	67	85
垂直敷设(m)	1.8	1.8	2.4	2.4	3.0	3.0	3.0	3.5	3.5
水平敷设(m)	1.2	1.2	1.8	1.8	2.4	2.4	2.4	3.0	3.0

燃气用薄壁不锈钢管支架最大间距 表 7-8

外径(mm)	15	20	25	32	40	50	65	80	100
垂直敷设(m)	2.0	2.0	2.5	2.5	3.0	3.0	3.0	3.0	3.5
水平敷设(m)	1.8	2.0	2.5	2.5	3.0	3.0	3.0	3.0	3.5

燃气用铝塑复合管支架最大间距 表 7-9

外径(mm)	16	18	20	25
水平敷设(m)	1.2	1.2	1.2	1.8
垂直敷设(m)	1.5	1.5	1.5	2.5

（6）水平管道转弯处应在以下范围内设置固定托架或管卡座：

1）钢质管道不应大于 1.0m。

2）不锈钢波纹软管、铜管道、薄壁不锈钢管道每侧不应大于 0.5m。

3）铝塑复合管每侧不应大于 0.3m。

（7）支架的结构形式应符合设计要求，排列整齐，支架与管道接触紧密，支架安装牢固，固定支架应使用金属材料。

（8）当管道与支架为不同种类的材质时，二者之间应采用绝缘性能良好的材料进行隔离或采用与管道材料相同的材料进行隔离；隔离薄壁不锈钢管道所使用的非金属材料，其氯离子含量不应大于 50×10^{-6}。

（9）支架的涂漆应符合设计要求。

7.1.5 室内燃气管道的除锈、防腐及涂漆

（1）室内明设钢管、暗封形式敷设的钢管及其管道附件连接

部位的涂漆，应在检查、试压合格后进行。

（2）非镀锌钢管、管件表面除锈应符合现行国家标准《涂装前钢材表面锈蚀等级和除锈等级》GB 8923 中规定的不低于 St2 级的要求：

（3）钢管及管道附件涂漆的要求：

1）非镀锌钢管：应刷两道防锈底漆、两道面漆。

2）镀锌钢管：应刷两道面漆。

3）面漆颜色应符合设计文件的规定；当设计文件未明确规定时，燃气管道宜为黄色。

4）涂层厚度、颜色应均匀。

7.1.6 安全措施及设备

（1）燃气管道敷设在地下室、半地下室及通风不良的场所时，应设置通风、燃气泄漏报警等安全设施。

（2）可燃气体检测报警器与燃具或阀门的水平距离应符合下列要求：

1）当燃气相对密度比空气轻时，水平距离应控制在 0.5～8.0m 范围内，安装高度应距屋顶 0.3m 之内，且不得安装于燃具的正上方。

2）当燃气相对密度比空气重时，水平距离应控制在 0.5～4.0m 范围内，安装高度应距地面 0.3m 以内。

（3）室内燃气管道严禁作为接地导体或电极。

（4）敷设在室外的用户燃气管道应有可靠的防雷接地装置。采用阴极保护腐蚀控制系统的室外埋地钢质燃气管道进入建筑物前应设置绝缘连接。

（5）沿屋面或外墙明敷的室内燃气管道，不得布置在屋面上的檐角、屋檐、屋脊等易受雷击部位。当安装在建筑物的避雷保护范围内时，应每隔 25m 至少与避雷网采用直径不小于 8mm 的镀锌圆钢进行连接，焊接部位应采取防腐措施，管道任何部位的接地电阻值不得大于 10Ω；当安装在建筑物的避雷保护范围外时，应符合设计文件的规定。

7.2 燃具的连接和安装

7.2.1 灶具安装

（1）灶具的安装位置应符合以下要求：

1）灶具与墙面的净距不应小于 10cm。

2）灶具的灶面边缘和烤箱的侧壁距木质门、窗、家具的水平净距不得小于 20cm，与高位安装的燃气表的水平净距不得小于 30cm。

3）灶具的灶面边缘和烤箱侧壁距金属燃气管道的水平净距不应小于 30cm，距不锈钢波纹软管（含其他覆塑的金属管）和铝塑复合管的水平净距不应小于 50cm。

4）采取有效的措施后可适当减小净距。

5）灶具与其他部位的间距应符合表 7-5 的要求。

（2）放置灶具的灶台应采用不燃材料；当采用难燃材料时，应设防火隔热板。与燃具相邻的墙面应采用不燃材料，当为可燃或难燃材料时，应设防火隔热板。

（3）燃气灶台的结构尺寸应便于操作，并应符合下列要求：

1）台式燃气灶的灶台高度宜为 70cm，嵌入式燃气灶的灶台高度宜为 80cm。

2）嵌入式燃气灶的灶台应符合说明书要求，灶面与台面应平稳贴合，其连接处应做好防水密封。

3）嵌入式灶灶台下面的橱柜应开设通气孔，通气孔的总面积应根据灶具的热负荷确定，宜按每千瓦热负荷取 $10cm^2$ 计算（$10cm^2/kW$），且不得小于 $80cm^2$。

（4）当 2 台或 2 台以上的灶具并列安装时，灶与灶之间的水平净距不应小于 50cm。

7.2.2　灶具与燃气管的连接

（1）灶具前的供气支管末端应设专用手动快速式切断阀，切断阀处的供气支管应采用管卡固定在墙上。切断阀及灶具连接用软管的位置应低于灶具灶面 3cm 以上。

（2）软管宜采用螺纹连接。

（3）当金属软管采用插入式连接时，应有可靠的防脱落措施。

（4）当橡胶软管采用插入式连接时，插入式橡胶软管的内径尺寸应与防脱接头的类型和尺寸匹配，并应有可靠的防脱落措施。

（5）当采用橡胶软管连接时，其长度不得超过 2m，并不得有接头，不得穿墙。橡胶软管连接时不得使用三通。

（6）燃具连接用软管的设计使用年限不宜低于燃具的判废年限，燃具的判废年限应符合现行国家标准《家用燃气燃烧器具安全管理规则》GB 17905 的规定。对不符合要求的燃具连接用软管应及时更换。

（7）灶具与燃气连接管安装后，应检验严密性，在工作压力下应无泄漏。

7.2.3　热水器安装

（1）热水器的安装位置应符合下列要求：

1）热水器与相邻灶具的水平净距不得小于 30cm。热水器与其他部位的防火间距可参照表 7-10 中相关规定执行。

2）热水器的上部不应有明敷的电线、电器设备及易燃物，下部不应设置灶具等燃具。

（2）安装热水器的地面和墙面应为不燃材料，当地面和墙面为可燃或难燃材料时，应设防火隔热板。

（3）燃气管道和冷热水管道的安装应符合下列要求：

1）燃气管道和冷热水管道的安装应按说明书的要求进行。

2）燃气管道和冷热水管道的公称尺寸和公称压力应符合设计规定。

3）热水器因超压和放空等原因设置的排水口应设导管引至排水处。

4）管道连接应牢固。

5）热水管宜采取保温措施。

6）与热水器连接的燃气管道上应设手动快速式切断阀。

7）热水器与燃气管道的连接宜采用金属管道。采用软管连接时参见上述 7.2.2 的相关内容。

8）与热水器连接的给水管道上应设阀门，热水器进水口应设过滤网。容积式热水器的给水管道上阀门后应设止回阀，容积式热水器的上部给水管道的浸没管配有防虹吸孔时，阀门后宜设止回阀。

7.3 燃气计量表安装

7.3.1 燃气计量表检查

（1）燃气计量装置的安装应满足抄表、检修、保养和安全使用的要求。燃气计量装置严禁安装在卧室、卫生间以及危险品和易燃品堆放处。

（2）燃气计量表在安装前应进行检验。

（3）燃气计量表应有出厂合格证、质量保证书；标牌上应有 CMC 标志、最大流量、生产日期、编号和制造单位。

（4）燃气计量表应有法定计量检定机构出具的检定合格证书，并应在有效期内。

（5）超过检定有效期及倒放、侧放的燃气计量表应全部进行复检。

（6）燃气计量表的性能、规格、适用压力应符合设计文件的要求。

7.3.2 燃气计量表的安装

（1）燃气计量表应按设计文件和产品说明书进行安装。

（2）燃气计量表的安装位置应满足正常使用、抄表和检修的要求。

（3）燃气计量表与燃具、电气设施的最小水平净距应符合表7-10的要求。

燃气计量表与燃具、电气设施之间的最小水平净距（cm）

表 7-10

名　　称	与燃气计量表的最小水平距离
相邻管道、燃气管道	便于安装、检查及维修
家用燃气灶具	300（表高位安装时）
热水器	30
电压小于 1000V 的裸露电线	100
配电盘、配电箱或电表	50
电源插座、电源开关	20
燃气计量表	便于安装、检查及维修

（4）燃气计量表的外观应无损伤，涂层应完好。

（5）膜式燃气计量表钢支架的安装应端正牢固，无倾斜。

（6）支架涂漆种类和涂刷遍数应符合设计文件的要求，并应附着良好，无脱皮、起泡和漏涂。漆膜厚度应均匀，色泽一致，无流淌及污染现象。

（7）组合式燃气计量表箱应牢固地固定在墙上或平稳地放置在地面上。

（8）室外的燃气计量表宜装在防护箱内，防护箱应具有排水及通风功能；安装在楼梯间内的燃气计量表应具有防火性能或设在防火表箱内。

7.3.3 家用燃气计量表的安装

（1）燃气计量表安装后应横平竖直，不得倾斜。

（2）燃气计量表的安装应使用专用的表连接件。

（3）安装在橱柜内的燃气计量表应满足抄表、检修及更换的要求，并应具有自然通风的功能。

（4）燃气计量表与低压电气设备之间的间距应符合表 7-10 的要求。

（5）燃气计量表宜加有效的固定支架。

7.4 管道试验

7.4.1 一般规定

（1）室内燃气管道的试验范围：自引入管阀门起至燃具之间的管道。

（2）试验介质应采用空气或氮气。

（3）严禁用可燃气体和氧气进行试验。

（4）室内燃气管道试验前应具备下列条件：

1）已制定试验方案和安全措施。

2）试验范围内的管道安装工程除涂漆、隔热层和保温层外，已按设计文件全部完成，安装质量应经施工单位自检和监理（建设）单位检查确认符合设计和规范的规定。

（5）试验用压力计量装置应符合下列要求：

1）试验用压力计应在校验的有效期内，其量程应为被测最大压力的 1.5～2 倍。弹簧压力表的精度不应低于 0.4 级。

2）U 形压力计的最小分度值不得大于 1mm。

（6）试验时发现的缺陷，应在试验压力降至大气压力后进行处理。处理合格后应重新进行试验。

（7）暗埋敷设的燃气管道系统的强度试验和严密性试验应在未隐蔽前进行。

（8）当采用不锈钢金属管道时，强度试验和严密性试验检查所用的发泡剂中氯离子含量不得大于 $25×10^{-6}$。

7.4.2 强度试验

（1）室内燃气管道强度试验的范围：明管敷设时，居民用户应为引入管阀门至燃气计量装置前阀门之间的管道系统；暗埋或暗封敷设时，居民用户应为引入管阀门至燃具接入管阀门（含阀门）之间的管道。

（2）待进行强度试验的燃气管道系统与不参与试验的系统、设备、仪表等应隔断，并应有明显的标志或记录，强度试验前安全泄放装置应已拆下或隔断。

（3）进行强度试验前，管内应吹扫干净，吹扫介质宜采用空气或氮气，不得使用可燃气体。

（4）强度试验压力应为设计压力的 1.5 倍且不得低于 0.1MPa。

（5）在低压燃气管道系统达到试验压力时，稳压不少于 0.5h 后，应用发泡剂检查所有接头，无渗漏、压力计量装置无压力降为合格。

（6）在中压燃气管道系统达到试验压力时，稳压不少于 0.5h 后，应用发泡剂检查所有接头，无渗漏、压力计量装置无压力降为合格；或稳压不少于 1h，观察压力计量装置，无压力降为合格。

（7）当中压以上燃气管道系统进行强度试验时，应在达到试验压力的 50％时停止不少于 15min，用发泡剂检查所有接头，无渗漏后方可继续缓慢升压至试验压力并稳压不少于 1h 后，压力计量装置无压力降为合格。

7.4.3 严密性试验

（1）严密性试验范围应为引入管阀门至燃具前阀门之间的管道。通气前还应对燃具前阀门至燃具之间的管道进行检查。

（2）室内燃气系统的严密性试验应在强度试验合格之后进行。

（3）低压管道系统严密性试验：

试验压力应为设计压力且不得低于 5kPa。在试验压力下，居民用户应稳压不少于 15min，商业和工业企业用户应稳压不少于 30min，并用发泡剂检查全部连接点，无渗漏、压力计无压力降为合格。

当试验系统中有不锈钢波纹软管、覆塑铜管、铝塑复合管、耐油胶管时，在试验压力下的稳压时间不宜小于 1h，除对各密封点检查外，还应对外包覆层端面是否有渗漏现象进行检查。

（4）中压及以上压力管道系统严密性试验：

试验压力应为设计压力且不得低于 0.1MPa。在试验压力下稳压不得少于 2h，用发泡剂检查全部连接点，无渗漏、压力计量装置无压力降为合格。

（5）低压燃气管道严密性试验的压力计量装置应采用 U 形压力计。

8　热力管道及有色金属管道安装

8.1　热力管道安装

8.1.1　支、吊架安装

（1）支、吊架的最大间距应符合设计和规范的规定，支、吊架的位置应正确、平整、牢固，坡度应符合设计要求。管道支架支承表面的标高可采用加设金属垫板的方式进行调整，但不得浮加在滑托和钢管、支架之间，金属垫板不得超过两层，垫板应与预埋铁件或钢结构进行焊接。

（2）管沟敷设的管道，在沟口0.5m处应设支、吊架；管道滑托、吊架的吊杆应处于与管道热位移方向相反的一侧。其偏移量应按设计要求进行安装，设计无要求时应为计算位移量的一半。

（3）两根热伸长方向不同或热伸长量不等的热力管道，设计无要求时，不应共用同一个吊杆或同一个滑托。

（4）支架结构接触面应洁净、平整，固定支架卡板和支架结构接触面应贴实，导向支架、滑动支架和吊架不得有歪斜和卡涩现象。

（5）弹簧支、吊架安装高度应按设计要求进行调整。弹簧的临时固定件，应待管道安装、试压、保温完毕后拆除。

（6）支、吊架和滑托应按设计要求焊接，不得有漏焊、缺焊、咬肉或裂纹等缺陷。管道与固定支架、滑托等焊接时，管壁上不得有焊痕等现象存在。

（7）管道支架用螺栓紧固在型钢的斜面上时，应配置与翼板斜度相同的钢制斜垫片找平。

（8）管道安装时，不宜使用临时性的支、吊架，必须使用时，应做出明显标记，且应保证安全。其位置应避开正式支、吊架的位置，且不得影响正式支、吊架的安装。管道安装完毕后，应拆除临时支、吊架。

（9）有补偿器的管段，在补偿器安装前，管道和固定支架之间不得进行固定。

（10）固定支架、导向支架等型钢支架的根部，应做防水护墩。

8.1.2　热力管道架空敷设

（1）按设计规定的安装位置、坐标，量出支架上的支座位置，安装支座。架空敷设的热力管道安装高度，如设计无要求，应符合下列要求：

1）人行地区不应低于 2.5m。

2）通行车辆地区，不应低于 4.5m。

3）跨越铁路距轨顶不应低于 6m。

4）安装高度以保温层外表面计算。

（2）支架安装牢固后，进行架设管道安装，管道和管件应在地面组装，长度以便于吊装为宜。

（3）按预定的施工方案进行管道吊装。架空管道的吊装使用机械或桅杆，如图 8-1 所示。绳索绑扎管段的位置要尽可能使管段不受弯曲或少弯曲。架空敷设要按照安全操作规程施工。吊上去还没有焊接的管段，要用绳索把它牢固地绑在支架上，避免管段从支架上滚下来发生事故。

（4）管道安装的坡度要求：热水采暖和热水供应的管道及汽水同向流动的蒸汽和凝结水管道，坡度一般为 0.003，但不得小于 0.002。汽水逆向流动的蒸汽管道，坡度不得小于 0.005，以有利于系统排水和放气。

（5）采用丝扣连接的管道，吊装后随即连接；采用焊接时，

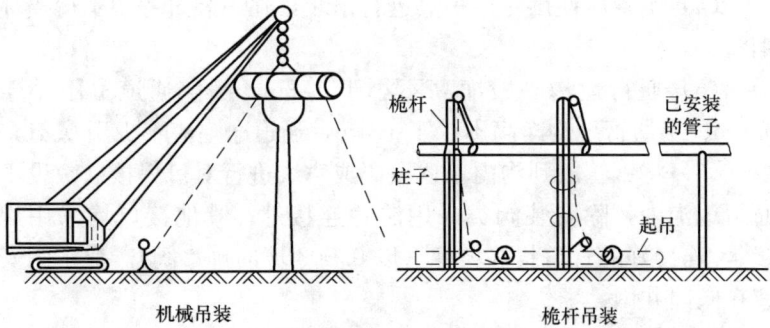

机械吊装　　　　　　　　　　　桅杆吊装

图 8-1　架空管道吊装

管道全部吊装完毕后再焊接。焊缝不许设在托架和支座上，管道间的连接焊缝与支架间的距离应大于 150～200mm。

（6）按设计和施工各规定位置，分别安装阀门、集气罐、补偿器等附属设备并与管道连接好。

（7）管道安装完毕，要用水平尺在每段管上进行一次复核，找正调直，使管道在一条直线上。

（8）摆正或安装好管道穿结构处的套管，填堵管洞，预留口处应加好临时管堵。

（9）按设计或规定的要求压力进行冲水试压，合格后办理验收手续，把水泄净。

（10）管道防腐保温，应符合设计要求和施工规范规定，注意做好保温层外的防雨、防潮等保护措施。

8.1.3　热力管道地沟敷设

（1）根据设计要求的管径、壁厚和材质，应进行钢管的预先选择和检验，矫正管材的平直度，整修管口及加工焊接用的坡口。

（2）清理管内外表面、除锈和除污。

（3）根据运输和吊装设备情况及工艺条件，可将钢管及管件焊接成预制管组。

（4）钢管应使用专用吊具进行吊装，在吊装过程中不得损坏钢管。

（5）通行地沟一般净高不小于1.8m，净空通道宽不小于0.6m；半通行地沟净高不少于1.4m，通道净空应不少于0.4m。

（6）将钢管放到沟内，逐段码成直线进行对口焊接（敷设不通行地沟内，除安装阀类采用法兰连接外，其他接口均采用焊接），连接好的管道找好坡度（以0.003坡向排水阀）。泄水阀安装在阀门井内。

（7）找正钢管，使管道与管沟壁之间的距离以及两管之间的距离，能保证管道可以横向移动。在同一条管道，两个固定支架间的中心线应成直线，每10m偏差不应超过5mm。整个管段在水平方向的偏差不应超过50mm；垂直方向的偏差不应超过10mm。一旦管道位置调整好后，立即将各固定支架焊死，管道与支架间不应有空隙，焊口也不准放在支架上。

（8）热力管道的热水、蒸汽管，如设计无要求，应敷设在载热介质前进方向的右侧。

（9）地沟内的管道（包括保温层）安装位置，其净距宜符合下列规定：管道自保温层外壁到沟壁面100~150mm；管道自保温层外壁到沟底面100~200mm；管道自保温层外壁到沟顶：不通行地沟50~100mm。半通行地沟和通行地沟200~300mm。

（10）安装阀门，并分段进行水压试验，试验压力为工作压力的1.5倍，但不得少于0.6MPa，同时检查各接口有无渗漏水现象，在10min内压力降小于0.05MPa，然后降至工作压力，做外观检查，以不漏为合格。

（11）管道穿过构筑物墙板处应按设计要求安装套管，穿过结构的套管长度每侧应大于墙厚20~25mm；穿过楼板的套管应高出板面50mm。

（12）套管与管道之间的空隙可采用柔性材料填塞。

（13）防水套管应按设计要求制造，并应在墙体和构筑物砌筑或浇筑混凝土之前安装就位，套管缝隙应按设计要求进行充填。

8.1.4 热力管道直埋敷设

热力管道直埋施工最为经济，保温层不但起着保温作用，还起着承受上层土壤压力的作用，要求保温层外包扎油毡防潮层，以保护保温瓦的干燥，确保保温效果。

1. 管沟测量放线

根据设计图纸的规定，用经纬仪引出在管道改变方向部位的几个坐标桩，再用水平仪在管道变坡点栽上水平桩。在坐标桩和水平桩处设置龙门板，如图8-2所示。龙门板要求水平。根据管沟中心线与沟宽，在龙门板上标出挖沟的深度，以便于挖沟时复查。根据这些点，用线绳分别系在龙门板钉子上，用白灰沿着线绳放出开挖线。管沟开挖时，由于土质的关系，为防止塌方，要求沟边具有坡度，白灰应撒在坡度的边沿上。

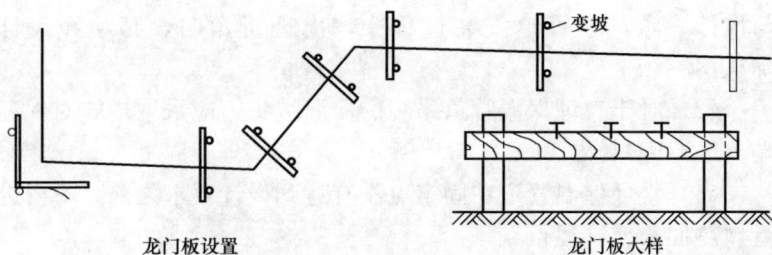

图 8-2 龙门板设置示意图

2. 管沟处理

具有天然湿度、结构均匀、水文地质条件良好的管沟可不加支撑，但两侧边坡的最大允许坡度应符合设计和规范规定。

沟底要求是自然土层（即坚实的土壤），如果是松土回填或沟底是砾石，则须进行处理，以防止管道产生不均匀下沉，使管道受力不均匀。对于松土层要夯实，要求严格夯实心土，还应取样做密实性试验。对砾石底则应挖出20cm厚的砾石，用好土回填夯实或用砂铺齐。

3. 下管

钢管可先在沟边进行分段焊接，每段长度一般在 25～35m 范围内，这样可以减少沟内固定焊口的焊接数量。下管时，应使用绳索将绳的一端拴固在地锚上，并用管套箍住管段拉住另一头，用撬杠把管段移至沟边，在沟边利用滑木杆将管段滑至沟底。如管段过重，人力拉绳有困难，可把绳的另一端在地锚上绕几圈，依靠绳与桩的摩擦可较省力。为了避免管道弯曲，拉绳不得少于两根。下管时，沟底不准站人，保证操作安全。

在地沟内连接管段时，必须找正找直管线，固定口的焊接点要挖成可容一个焊工的操作坑，其大小要方便焊接操作。

敷设管段包括阀门、配件、补偿器支架等，都应在施工前按施工要求预先放在沟边沿线，并在试水前安装完毕。

4. 安装要求

（1）直埋保温管道安装应按设计要求进行，管道安装坡度应与设计一致，在管道安装过程中，出现折角时，必须经设计确认。

（2）对于直埋保温管道系统的保温端头，应采取措施对保温端头进行密封。

（3）直埋保温管道在固定点没有达到设计要求之前，不得进行预热伸长或试运行。

（4）保护套管不得妨碍管道伸缩，不得损坏保温层及外保护层。

（5）预制直埋保温管的现场切割应符合下列要求。

1）管道配管长度一般不宜小于 2m。

2）在切割时应采取措施防止外护管脆裂。

3）切割后的工作钢管裸露长度应与原成品管的工作钢管裸露长度一致。

4）切割后裸露的工作钢管外表面应清洁，不得有泡沫残渣。

（6）管道安装前应检查沟槽底高程、坡度、基底处理是否符合设计要求。管道内杂物及砂土应清除干净。

（7）管道运输吊装时宜用宽度大于 50mm 的吊带吊装，严禁用铁棍撬动外套管和用钢丝绳直接捆绑外壳。

（8）等径直管段中不得采用不同厂家、不同规格、不同性能的预制保温管，当无法避免时，应征得设计部门同意。

（9）预制保温管可单根吊入沟内安装，也可两根或多根组焊完后吊装。当组焊管段较长时，宜用两台或多台起重机抬管下管，吊点的位置按平衡条件选定。应用柔性宽吊带起吊，并应稳起、稳放，严禁将管道直接推入沟内。

（10）安装直埋热力管道时，应排除地下水或积水，当日工程完工时应将管端用盲板封堵。

（11）有报警线的预制保温管，安装前应测试报警线的通断状况和电阻值，合格后再下管对口焊接，报警线应在管道上方。

（12）安装预制保温管道的报警线时，应符合产品标准的规定。在施工中，报警线必须防潮，一旦受潮，应采取预热、烘烤等方式干燥。

（13）安装前应按设计给定的伸长值调整一次性补偿器，施焊时两条焊接线应吻合。

（14）直埋热力管道敞口预热应分段进行，宜采取 1km 为一段。预热介质宜采用热水，预热温度应按设计要求确定。

5. 接口保温

（1）直埋热力管道接口保温应在管道安装完毕及强度试验合格后进行。

（2）管道接口处使用的保温材料应与管道、管件的保温材料性能一致。

（3）接口保温施工前，应将接口钢管表面、两侧保温端面和搭接段外壳表面的水分、油污、杂质和端面保护层去除干净。

（4）管道接口使用聚氨酯发泡时，环境温度宜为 20℃，不应低于 10℃，管道温度不应超过 50℃。

（5）对 $DN200$ 以上管道接口不宜采用手工发泡。

（6）直埋保温管接头的保温和密封应符合下列要求：

1）接头施工采取的工艺，应有合格的形式检验报告。

2）接头的保温和密封应在接头焊口检验合格后进行。

3）接头处钢管表面应干净、干燥。

4）当周围环境温度低于接头原料的工艺使用温度时，应采取有效措施，保证接头质量。

5）接头外观不应出现熔胶溢出、过烧、鼓包、翘边、褶皱或层间脱离等现象。

6）一级管网现场安装的接头密封应进行 100％ 的气密性检验。二级管网现场安装的接头密封应进行不少于 20％ 的气密性检验。气密性检验的压力为 0.02MPa，用肥皂水仔细检查密封处，无气泡为合格。

（7）管道接口保温不宜在冬季进行，不能避免时，应保证接口处环境温度不低于 10℃。严禁管道浸水、覆雪，接口周围应留有操作空间。

（8）发泡原料应在环境温度为 10～25℃ 的干燥密闭容器内贮存，并应在有效期内使用。

（9）接口保温采用套袖连接时，套袖与外壳管连接应采用电阻热熔焊；也可采用热收缩套或塑料热空气焊，采用塑料热空气焊应用机械施工。

（10）套袖安装完毕后，发泡前应做气密性实验，升压至 20kPa，接缝处用肥皂水检验，无泄漏为合格。

（11）对需要现场切割的预制保温管，管端裸管长度宜与成品管一致，附着在裸管上的残余保温材料应彻底清除干净。

（12）硬质泡沫保温物质应充满整个接口环状空间，密度应大于 50kg/m³。

（13）对采用玻璃钢外壳的管道接口，使用模具作接口保温时，接口处的保温层应和管道保温层顺直，无明显凹凸及空洞。

（14）接口处，玻璃钢防护壳表面应光滑顺直，无明显凸起、凹坑、毛刺，防护壳厚度不应小于管道防护壳厚度，两侧搭接不应小于 80mm。

8.1.5 管道水压试验及调试

热力管道工程的管道和设备等，应按设计要求进行强度试验和严密性试验。

1. 一般规定

（1）热力管道应进行强度试验和严密性试验。强度试验压力应为 1.5 倍设计压力，严密性试验压力应为 1.25 倍设计压力，且不得低于 0.6MPa。

（2）强度试验应在试验段内的管道接口防腐、保温施工及设备安装前进行；严密性试验应在试验范围内的管道工程全部安装完成后进行，其试验长度宜为一个完整的设计施工段。

（3）热力管道工程应采用水为介质做试验。

2. 严密性试验条件

（1）试验范围内的管道安装质量应符合设计要求的有关规定，有关材料、设备资料应齐全。

（2）编制试验方案，并经监理（建设）单位和设计单位审查同意。试验前应对有关操作人员进行技术、安全交底。

（3）管道各种支架已安装调整完毕，固定支架的混凝土已达到设计强度要求，回填土及填充物已满足设计要求。

（4）焊接质量外观检查合格，焊缝无损检验合格。

（5）安全阀、爆破片及仪表组件等已拆除或加盲板隔离，加盲板处有明显的标记并做记录，安全阀全开，填料密实。

（6）管道自由端的临时加固装置已安装完成，经设计核算与检查确认安全可靠。试验管道与无关系统应采用盲板或采取其他措施隔开，不得影响其他系统的安全。

（7）试验用的压力表已校验，精度不宜低于 1.5 级。表的满量程应达到试验压力的 1.5～2 倍，数量不得少于 2 块，安装在试验泵出口和试验系统末端。

（8）进行压力试验前，应划定工作区，并设标志，无关人员不得进入。

（9）检查室、管沟及直埋管道的沟槽中应有可靠的排水系统。

（10）试验现场已清理完毕，具备对试验管道和设备进行检查的条件。

3. 水压试验

（1）管道水压试验应以洁净水作为试验介质。

（2）充水时，应排尽管道及设备中的空气。

（3）试验时，环境温度不宜低于5℃；当环境温度低于5℃时，应有防冻措施。

（4）当运行管道与试压管道之间的温度差大于100℃时，应采取相应措施，确保运行管道和试压管道的安全。

（5）对高差较大的管道，应将试验介质的静压计入试验压力中。热水管道的试验压力应为最高点的压力，但最低点的压力不得超过管道及设备的承受压力。

（6）当试验过程中发现渗漏时，严禁带压处理。消除缺陷后，应重新进行试验。

（7）试验结束后，应及时拆除试验用临时加固装置，排尽管内积水。排水时应防止形成负压，严禁随地排放。

8.1.6 管道清洗

热力管道的清洗应在试运行前进行。

1. 清洗准备

（1）清洗方法应根据热力管道的运行要求、介质类别而定，可分为人工清洗、水力冲洗和气体吹洗。

（2）清洗前，应编制清洗方案，方案中应包括清洗方法、技术要求、操作及安全措施等内容。

（3）清洗前，管网及设备应符合下列要求：

1）应将减压器、疏水器、流量计和流量孔板（或喷嘴）、滤网、调节阀芯、止回阀芯及温度计的插入管等拆下并妥善存放，待清洗结束后复装。

2）不与管道同时清洗的设备、容器及仪表管等应与需清洗的管道隔开或拆除。

3）支架的强度应能承受清洗时的冲击力，必要时经设计同意后进行加固。

4）水力冲洗进水管的截面积不得小于被冲洗管截面积的50%，排水管截面积不得小于进水管截面积。

5）蒸汽吹洗采用排汽管的管径应按设计计算确定，吹洗口固定及冲洗箱加固应符合设计要求。

6）设备和容器应有单独的排水口，在清洗过程中管道中的污物不得进入设备。

7）清洗使用的其他装置已安装完成，并经检查合格。

2. 热水管网的水力冲洗

（1）冲洗应按主干线、支干线、支线分别进行。冲洗前应充满水并浸泡管道，水流方向应与设计的介质流向一致。

（2）未冲洗管道中的污物，不得进入已冲洗合格的管道中。

（3）冲洗应连续进行并宜加大管道内的流量，管内的平均流速应不低于 1m/s，排水时，不得形成负压。

（4）对大口径管道，当冲洗水量不能满足要求时，宜采用人工清洗或密闭循环的水力冲洗方式。采用循环水冲洗时管内流速宜达到管道正常运行时的流速。当循环冲洗的水质较脏时，应更换循环水继续进行冲洗。

（5）水力冲洗的合格标准应以排水水样中固形物的含量接近或等于冲洗用水中固形物的含量为合格。

（6）冲洗时排放的污水不得污染环境，严禁随意排放。

（7）水力清洗结束前应打开阀门用水清洗。清洗合格后，应对排污管、除污器等装置进行人工清除，保证管道内清洁。

3. 蒸汽管道蒸汽吹洗

（1）吹洗前应缓慢升温进行暖管，暖管速度不宜过快并及时疏水。应检查管道热伸长、补偿器、管路附件及设备等工作情况，恒温 1h 后进行吹洗。

（2）吹洗时必须划定安全区，设置标志，确保人员及设施的安全，其他无关人员严禁进入。

（3）吹洗用蒸汽的压力和流量应按设计计算确定，吹洗压力不应大于管道工作压力的 75％。

（4）吹洗次数应为 2～3 次，每次的间隔时间宜为 20～30min。

（5）蒸汽吹洗的检查方法：以出口蒸汽为纯净气体为合格。

8.2 铝及铝合金管道安装

8.2.1 管道检查与加工

（1）常用的铝管牌号有 L2、L3、L4、L5、L6，铝镁合金管牌号有 LF2、LF3、LF5。铝锰合金管牌号有 LF21。铝及铝合金管道一般用于设计压力不大于 1MPa、介质温度不超过 150℃ 的工业管道。

（2）铝及铝合金管道安装前必须对管道、管件、附件的材质进行核查和外观检验，如有两种以上不同牌号的铝管时，应作好涂色标记，并分别堆放好，搬运时要小心轻放，防止碰伤，并不得与碳钢、铜、不锈钢等相接触，以防止管道电化腐蚀。

（3）铝及铝合金管加工预制时，如需进行调直，应在管内充砂，并用调直器进行调直，如采用木锤或打板轻击逐渐调直时，应在管道下面垫硬木板，不得用铁锤敲打，铝管不得直接与钢平台或混凝土平台接触，调直后管内砂石应清除干净。

（4）公称直径小于或等于 50mm 的铝管可用钢锯切割，公称直径大于 50mm 的铝管可用铝型材切割机切割。坡口可用锉刀加工，不得用气割切割和坡口，夹持铝管时，管壁两侧应垫木板，以免夹伤管壁。

（5）管径小于 100mm 时，可用冷弯方法制作弯头，管径大于 100mm 时，宜用焊接弯头或压制弯头。

8.2.2 管道连接与敷设

（1）铝及铝合金管道的主要连接方法为焊接和法兰连接。法兰连接有平焊铝法兰、对焊松套法兰和铝管口翻边松套钢法兰。平焊法兰和对焊松套法兰的肩圈应采用与管道相同的材料制造。松套法兰可用碳钢法兰。

（2）铝及铝合金管焊接可采用氩弧焊及气焊，气焊时应采用专用的铝粉焊剂，严禁受潮。

（3）铝及铝合金管组对焊接前，应清理管口和管内，用丙酮或四氯化碳溶剂清除管端或焊口外的油污，然后在距焊口 30~60mm 的区域内用细铜丝刷清除氧化膜，在 2h 内焊接，管道对口连接时，壁厚小于 3mm 者可不坡口，对口间隙为 1~0.5mm；当管壁大于 3mm 时，采用 V 型坡口焊接。

（4）铝及铝合金管焊后应使接头在空气中缓慢冷却，当接头温度降到 60~70℃ 以下时，才可进行焊后清洗。为防止焊缝及其附近的残余溶剂的腐蚀作用，应在焊后 2h 内用 60~80℃ 的热水冲洗，并用毛刷将残渣刷净，然后用 30% 的硝酸溶液洗涤，再用清水冲洗。氩弧焊焊后可不作水冲洗。如干燥后焊缝及其附近仍有白色污斑，表明还有溶剂，必须重复处理。

（5）当铝及铝合金管道采用翻边松套钢法兰连接时，管口翻边宜采用冲压成形翻边圈和翻边短管，如图 8-3，并应符合下列要求：

1）卷边部分应平整光洁，不得有凸瘤、缩颈、皱折、斑疤、凹坑、刮伤及裂纹等缺陷。

图 8-3 管口翻边

2）翻边部分的厚度不得小于 0.8 倍管壁厚度。

3）法兰内孔与翻边处的圆弧接触均匀，不得有松动。

（6）铝及铝合金管道采用焊环活套法兰连接时，焊环应做成

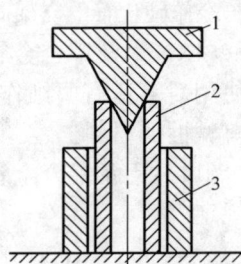

榫槽面凸缘，并焊接在铝管上。

（7）铝及铝合金管道的碳钢支架或碳钢松套法兰应先涂上油漆，以防止与铝管直接接触，也可以在管道与支架间垫入橡胶板、软塑料等隔离物。碳钢支架表面不应有尖角和毛刺，以防伤管道。

（8）小口径的铝及铝合金管道可采用管接头连接，特殊情况也可用丝扣连接。丝扣连接时螺纹上应涂石墨、甘油。

（9）在主管上焊接外径小于 25mm 的薄壁支管时，宜在主管上焊接厚度为 2～3mm 的加强接头，防止小管被烧穿如图 8-4 所示。

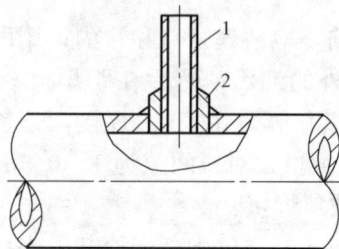

图 8-4　薄壁支管与主管焊
接的加强接头
1—小管；2—加强接头

（10）用钢管保护的铝管，在装入钢管前，铝管必须经试压合格。

（11）铝及铝合金管道安装施工中，宜使用不锈钢工具操作。

（12）铝及铝合金管道的支架应符合设计规定。当设计未作规定时，热轧铝管的支架间距可按同规格钢管支架间距的 2/3 采用。冷作硬化管的支架间距可按同规格钢管支架间距的 3/4 采用。

（13）铝及铝合金管道保温绝热，应选用中性绝热材料，不得使用对管道有腐蚀作用的绝热材料，如硅酸盐、含碱玻璃布等带有碱性的材料。

（14）铝及铝合金管道无损检测、压力试验及吹扫应符合设计规定。

8.3　铜及铜合金管道安装

8.3.1　管道检查与加工

（1）铜管安装前应核查铜管的型号、规格、材质，不同材质管道应分别标记和堆放，防止错用。

（2）铜管安装前必须检查其外观质量合格。

（3）铜管的调直可用木榔头轻轻敲击，逐段进行，调直的平板或平台，应用硬木板，不能用金属板做垫板。调直后管内应进行清理。

（4）铜管切割可用钢锯、砂轮切割机等机械方法，断面必须与管段轴线垂直，并用钢锉清除端面毛刺。不得用气焊切割。

（5）铜管坡口采用锉刀。夹持铜管时，两侧应用木板衬垫，以免夹伤管壁。

（6）铜及铜合金管件、阀门应按设计要求和其他有关产品标准选用，弯头、三通、异径管宜采用成品件，也可采用管材加工制作。

（7）铜管及铜合金管弯头加工时，宜采用冷弯，可用液压弯管机加工，管径大于 100mm 时，如采用加工压制弯或焊接弯头。

8.3.2 铜及铜合金管道连接与敷设

铜及铜合金管道采用焊接连接、法兰连接、螺纹连接等方法，焊接方法有氧-乙炔焊、轩焊、电弧焊、氩弧焊等。紫铜管一般采用氧-乙炔焊、钎焊连接，采用搭接钎焊时，管端应扩口，扩口时，管端应先退火，退火温度：紫铜为 $550\sim600℃$。黄铜管一般采用螺纹连接、卡套连接、焊接、法兰连接。

（1）用螺纹连接的管道，螺纹与钢管的标准螺纹相同，必须用车床或套丝机加工，螺纹部分必须涂石墨甘油；连接管道时应避免过量旋入，旋紧时应扳钳同侧六角部位，避免用力过大造成管件变形。

（2）直径在 22mm 以下的管道，可采用手动胀管器将管口扩胀成承插口，承插焊接或采用加套管焊接。

（3）大口径铜管对口焊接，可采用加衬环焊接。

（4）对口焊接坡口其角度为 $30°\sim45°$，对口间隙为 $2\sim$

3mm，钝边 1～1.5mm，采用氩弧焊或气焊焊接，气焊时必须采用专用焊剂（硼酸、硼砂、磷酸氢钠）。

（5）焊接时，坡口及其边缘两侧 20mm 范围内的表面以及焊丝，均应用丙酮或四氯化碳等有机溶剂除去油污，用钢丝刷、砂布、锉刀清除氧化膜等污物，使之露出金属光泽。焊后应将焊缝表面的飞溅、熔渣及焊药清除干净。

（6）铜及铜合金管翻边采用内外模，内模外径应与翻边管道内径相等或略小，翻边前将翻边宽度用气焊加热到再结晶温度以上，一般为 450℃左右，然后自然冷却或浇水急冷，冷却后用翻边模套上用榔头敲击翻边。

（7）用翻边法兰连接的管道，应保持同轴性，翻边尺寸不得大于法兰凸缘，当公称直径小于或等于 50mm 时，偏差小于或等于 1mm；当公称直径大于 50mm 时，其偏差小于或等于 2mm，法兰内孔一面的直角处应加工成圆弧形，圆弧半径应大于铜管翻边圆弧半径。

（8）用焊环法兰连接管道，焊环材质应与管材相同。

（9）铜法兰的垫片，一般采用石棉橡胶或铜垫片，也可根据输送介质及设计压力、工作温度选择其他垫片。

（10）铜管穿墙或楼板应加钢套管，套管内应填加绝缘物。

（11）铜管按设计要求安装铜波形补偿器。

（12）铜管的支架间距按设计要求设置，设计无要求可按碳钢管支架间距的 4/5 选用。

8.4 铅及铅合金管道安装

8.4.1 管道检查及加工

（1）铅管安装前必须检查其外观质量。

（2）铅管在安装前应调直并整圆，调直应在木板平台上用木榔头拍打；公称直径大于 50mm 的管道，可用小于管径的碳钢管穿在铅管内进行整圆；公称直径小于 50mm 的管道可在管中充 0.2～0.3MPa 压缩空气，并在压扁部位用焊炬缓慢加热的方法进行整圆。

（3）直径小的铅管用粗齿锯切割，切割时可在锯口上滴少许机油，直径较大的铅管尤其是硬铅管，可用气割，切割时宜用中性焰。

（4）软铅管的坡口采用刮刀加工，硬铅管的坡口用粗齿锉刀加工，铅管开三通应用钻床钻孔，不得用气割开孔。

（5）铅管可以热弯，也可以冷弯。

8.4.2　管道连接及敷设

直径 100mm 以上的硬铅管可采用焊接弯头。铅管的连接可用焊接或法兰连接（平焊法兰、翻边活套法兰）。

1. 铅管焊接

（1）铅管焊接采用氢氧焰焊接，管壁厚度大于 4mm 的铅管应坡口，角度为 60°左右；管壁厚度小于 4mm 可不坡口，但必须用木锥子将管口向外扩张。

（2）配管时宜少配固定焊口，尽可能把焊口放在水平位置进行转动焊接，组对管段一般不超过 20m。

（3）焊接用焊条应与被焊管道成分相同，直径根据管壁厚度确定，壁厚 3～6mm 时，焊条直径为 5～10mm，立焊时焊条直径略小些。

（4）焊接前应将焊缝坡口面及两侧管段端部 20～40mm 内的氧化层刮干净，蔽出金属光泽；并在 2h 内焊完，以免再次氧化。

（5）对口时先点焊 4～6 处，然后进行焊接，第一层不加焊条，用中性火焰使铅熔化，使整体焊缝封闭，第二层加焊条施焊，最后一层要高出管壁面 2～3mm。

（6）垂直的软铅管对接时，宜采用承插焊接，施焊前先将下部管端加热到 120℃左右，用木锥扩张成喇叭口，然后把坡口的上端插入喇叭口内，对正中心后点焊固定，最后一层施焊前应用榔头轻轻敲击喇叭口，收拢后施焊。

（7）水平敷设的硬铅管固定焊口，为避免仰焊，可在管道焊口上方开一个方口，在内部先行焊接，然后在管口上部用削去的盖板盖上，再行施焊。

（8）水平敷设的软管固定焊口，可在焊口上部用刀削法扒开，内部焊接后再把扒开部分合拢焊接，如图 8-5 所示。

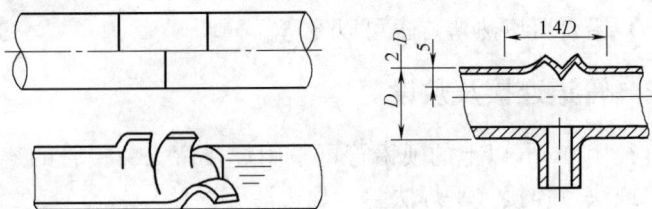

图 8-5　硬铅管固定焊口的焊接

（9）焊好的焊缝不得有未焊透、咬边、缩孔、偏歪、夹层气孔、错口等缺陷，焊缝必须高出管壁。

2. 铅管平焊法兰及翻边活套法兰连接

（1）平焊法兰用于硬铅管连接，法兰材质必须与管道材质相同，法兰内径应有 45°坡口，两面必须与管道焊接，焊完毕后，必须把法兰密封面锉平，紧固用普通钢质螺栓，法兰两面都必须加钢垫圈，如图 8-6（a）所示。

（2）翻边活套法兰用于软铅管连接，法兰可用碳钢法兰，与铅管接触的一面必须加工成圆角，其翻边宽度与法兰孔内边平，如图 8-6（b）所示，然后用铁榔头敲击即可。

（3）铅管用法兰连接时必须使用软垫，螺栓固定时，螺栓、螺母与法兰间应加钢垫圈。

（4）水平安装的铅管应设置连接的托撑角钢，为补偿热膨胀，托撑角钢应适当位置断开一定距离。铅合金管水平安装可不设置连接的托撑角钢，但支吊架间距控制在 1～2m。如图 8-7

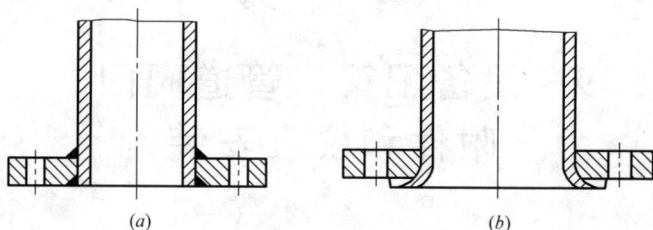

(a)   (b)

图 8-6 铅管法兰连接

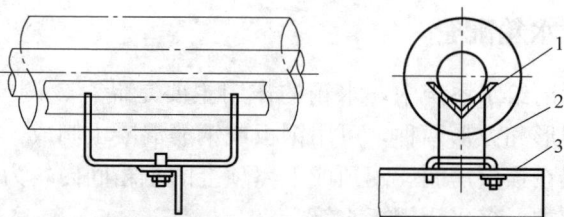

图 8-7 铅管托撑角钢

所以。

（5）垂直或超过 45°安装的铅管应设置伴随角钢，管道用扁钢箍固定在角钢内，扁钢箍焊接在角钢上间距在 1.5m 左右。如图 8-8 所示。

（6）外加钢管保护的铅管，应在装入钢管前试压合格，弯头与三通加钢管保护时，可将钢管切成两半，置于铅管上，然后用螺栓拧紧固定，采用点焊固定钢管时，不得使铅管受到损坏。

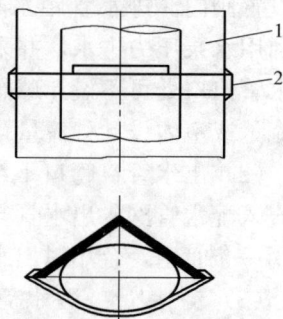

图 8-8 铅管伴随角钢

9 设备配管、管道阀门、附件和仪表安装

9.1 常见设备的配管安装

9.1.1 水箱配管

在室内给水系统中，水箱的作用主要是储存、调节用水量。水箱有圆形和方形两种，可用钢板或钢筋混凝土制成。高位水箱一般设置在顶层房间，闷顶或平屋顶上的水箱间内，为了减轻建筑结构承重，多采用钢板水箱。

（1）进水管：当水箱直接由管网进水时，进水管上应装设不少于两个浮球阀或液压水位控制阀，为了检修的需要，在每个阀前设置阀门。进水管距水箱上缘应有 150～200mm 距离。当水箱利用水泵压力进水，并采用水箱液位自动控制水泵启闭时，在进水管出口处可不设浮球阀或液压水位控制阀。进水管管径按水泵流量或室内设计秒流量计算决定。

（2）出水管：管口下缘应高出水箱底 50～100mm，以防污物流入配水管网。出水管与进水管可以分别和水箱连接，也可以合用一条管道，合用时出水管上设有止回阀。

（3）溢水管：溢水管的管口应高于水箱设计最高水位20mm，以控制水箱的最高水位。其管径应比进水管的管径大1～2 号。为使水箱中的水不受污染。溢水管一般不宜与污水管道直接连接。如需与排污管连接，应以漏斗形式接入。溢水管上不必安装阀门。

（4）排水管：排水管是作为放空水箱及排出水箱之污水用

的。排水管应由箱底的最低处接出，通常连接在溢水管上，管径一般为50mm。排水管上需装设阀门。

（5）信号管：信号管通常在水箱的最高水位处引出，然后通到有值班人员的水泵房内的污水盆或地沟处，管上不装阀门，管径一般为32～40mm。该管属于高水位的信号，表明水箱满水。有条件的可采用电信号装置，实现自动液位控制。

（6）泄出管：有的水箱设置托盘、泄水管，以排泄箱壁凝结水。泄水管可接在溢流管上，管径32～40mm。在托盘上管口要设栅网，泄水管上不得设置阀门。

9.1.2　水泵配管

水泵有离心泵、轴流泵、混流泵、活塞泵、真空泵等，其中以离心式水泵应用最为广泛，也最适于在室内给水系统中使用。离心式水泵的优点是体积小，结构简单，效率高，价格便宜，运行管理简便，流量和扬程可以调节。

（1）水泵配管安装应在水泵定位找平正，稳固后进行。

（2）配管时，管道与泵体连接不得强行组合连接，且管道重量不能附加在泵体上。

（3）安装顺序为逆止阀、阀门依次与水泵紧牢，与水泵相接配管的一片法兰先与阀门法兰紧牢，再把法兰松开取下焊接，冷却后再与阀门连接好，最后再焊与配管相接的另一管段。

（4）水平吸水管要求：

1）水泵的吸水管如变径，应采用偏心大小头，并使平面朝上，带斜度的一段朝下（以防止产生"气囊"）。

2）为防止吸水管中积存空气而影响水泵运转，吸水管的安装应具有沿水流方向连续上升的坡度接至水泵入口，坡度应不小于0.005。

3）吸水管靠近水泵进水口处，应有一段长约2～3倍管径的直管段，避免直接安装弯头，否则水泵进水口处流速分布不均匀，使流量减少。

4）吸水管应设有支撑件。

5）吸水管段要短，配管及弯头要少，力求减少管道压力损失。

6）水泵底阀与水底距离一般不小于底阀或吸水喇叭口的外径；水泵出水管安装止回阀和阀门，止回阀应安装在靠近水泵一侧。

（5）配管法兰应与水泵、阀门的法兰相符，阀门安装手轮方向应便于操作，标高一致，配管排列整齐。

锅炉软化水设备配管：

软化水设备配管时应用镀锌钢管或塑料管，采用螺纹连接，丝扣处涂白铅油、麻丝或聚四氟乙烯薄膜（生料带）做填料，接口要严密。

阀门安装的标高和位置应便于操作，配管的支架严禁焊在罐体上。

配管完毕后，根据说明书进行水压试验，检查法兰接口、视镜、丝头，不渗漏为合格。

9.1.3 连接机器的管道安装

（1）管道与高速泵、压缩机等动设备连接时，应采用无应力配管工艺。其固定焊口应远离设备。

（2）采用无应力配管时，以远离设备法兰接口的一端为始点，朝设备法兰方向逐段配管。当管道安装至设备一定距离后，再以设备法兰口为始点，向原始点方向配管。管口与设备法兰之间的管段作为调整段。

（3）用调整段与设备连接，使其正确对中。调整管段的长度按现场实际情况测量下料，在不影响设备管口法兰和使管道在支架系统的支承下与设备口法兰处于自由状态下焊接。

（4）与设备连接的管道组对焊接完成后，必须调整后再与设备连接。

（5）管道和设备的法兰组对前，法兰密封面必须清除干净，管内应无杂质、焊渣、油污、铁锈等污物。

（6）需要预拉伸或压缩的管道与设备最终连接时，设备不得产生位移。

（7）与机器设备连接的管道，在管道吹扫合格前不得与机器设备连通，应用临时盲板隔离，并进行标识。

（8）管道安装不允许对设备产生附加应力，不得用强制的方法来纠正安装偏差。

（9）管道与设备连接前，应在自由的状态下，检验管道法兰的平行度和同轴度，允许偏差应符合设计规定。

（10）管道系统与机器最终连接前，应在联轴节上架设百分表监视机器位移。

（11）管道安装合格后，其重量要由管架承受，严禁使机器承受设计以外的附加载荷。

（12）管道经试压、吹扫合格后，应对该管道与机器的接口进行复位检验，其偏差要符合设计规定。当超差时，应重新调整，直至合格。

9.2 安全阀的安装调试

9.2.1 管道安全阀

1. 安装要求

（1）安全阀的型号、规格、材质必须符合设计文件规定，安装前应仔细核对相关工艺参数，必要时应送当地有资质校验的机构检定，严禁擅自更改。

（2）安全阀宜垂直安装。与安全阀连接的法兰型号、规格、材质必须符合设计文件规定和配套，严禁错用和误用。安全阀不宜安装在较长水平管道的末端。

（3）安全阀的入口管必须固定牢固。入口处管道内径必须大于安全阀的入口内径，并用与管道材质相同的大小头过渡，采用法兰连接。

（4）安全阀应尽量安装在靠近被保护的对象或系统，位于压力比较稳定，距压力波动有一定距离的地方，且不得受脉冲压力的影响。

（5）安全阀应安装在易检修和调校的地方。公称直径 80mm 以下的安全阀应安装在平台内，公称直径 80mm 以上的安全阀应安装在平台外侧，方便借助操作平台进行检修和调校。

（6）安全阀的排出管必须固定牢固。直接排放大气时，管端宜切成 45°斜口。并在排放管的最低处钻一直径 9mm 的泪孔。

（7）安全阀的排出物为有毒、可燃物时，排出管口应高出以排出口为中心的 10m 水平半径范围的操作平台或地面 3.5m 以上。

（8）管道压力试验时应在安全阀入口处加的盲板，在管道系统强度试压合格后方可拆除。

（9）调校或检定合格的安全阀，在搬运过程中应避免倾倒、碰撞，并保护好铅封。

2. 调校安全阀

（1）检查其垂直度，当发现倾斜时，应予校正。

（2）横杆式安全阀在管道系统试运转前，不应安装横杆及重锤，应编号入库保管，待试运转时安装完毕即可。

（3）调校工艺不同的安全阀应编制不同的调校方案，在管道投运时，应及时进行调校。

（4）安全阀最终调整宜在系统上进行，开启和回座压力应符合设计要求，当无设计规定时，其开启压力为工作压力的 1.05～1.15 倍，回座压力应大于工作压力的 0.9 倍。调校安全阀前必须鉴定放空阀是否灵敏可靠，调校时应设专人指挥，如放空阀属电动开闭，其操作按钮应设定在安全阀调校位置。

（5）调校安全阀应有完整的技术措施和组织措施。

（6）调压时管道系统的压力应稳定，每个安全阀启闭试验不少于 3 次。

（7）安全阀调整后，在工作压力下不得有泄漏。

（8）安全阀经最终调整合格后，应及时铅封，并填写试验记录。

9.2.2 锅炉安全阀安装

（1）额定蒸发量大于 0.5t/h 的锅炉最少设两个安全阀（不包括省煤器）；额定蒸发量小于或等于 0.5t/h 的锅炉，至少设一个安全阀。

（2）额定热功率大于 1.4MW 的锅炉至少应装设两个安全阀，额定热功率小于或等于 1.4MW 的锅炉至少应装设一个安全阀。

（3）安全阀应在锅炉水压试验合格后再安装，因水压试验压力大于安全阀的工作压力。水压试验时，安全阀管座可用盲板法兰封闭。如用钢板加死垫时，试完压后应立即将其拆除。

（4）安全阀的排气管应直通室外安全处，并有足够的流通截面积以保证排汽畅通。最低点的底部应装有接到安全地点疏水管。排气管和疏水管上不得装阀门。

（5）安全阀应垂直安装，并装在锅炉锅筒、集箱的最高位置。在安全阀和锅筒之间或安全阀和集箱之间，不得装有取用蒸汽的气管和取用热水的出水管，并不许装阀门。

（6）蒸汽锅炉安全阀应安装排汽管直通室外安全处，排汽管的截面积不应小于安全阀出口的截面积。排汽管应坡向室外并在最低点的底部装泄水管，并接到安全处。热水锅炉安全阀泄水管应接到安全地点。排汽管和排水管上不得装阀门。

9.3 常用阀门安装

阀门的种类较多，按其与管道的连接方式，一般可分为螺纹连接、法兰连接两大类。

9.3.1 阀门安装前的试验

（1）阀门进场时应进行检验：阀门的型号、规格应符合设计要求。阀体铸造应规矩，表面光滑，无裂纹，开关灵活，关闭严密，手轮完整无损，具有出厂合格证。

（2）阀门安装前，应作强度和严密性试验，应从每批（规格、型号、牌号均相同）数量中抽查 10% 且不少于 1 个。如有漏、裂不合格的应再抽查 20%，仍有不合格的则须逐个试验。对于安装在主干管上起切断作用的闭路阀门，应逐个作强度和严密性试验。

（3）强度和严密性试验压力应为阀门出厂规定压力。一般情况下阀门强度与严密性试验压力：强度试验压力为阀门公称压力的 1.5 倍，严密性试验压力为阀门公称压力的 1.1 倍。

（4）阀门试压的持续时间应不少于表 9-1 的规定。

阀门试压持续时间   表 9-1

公称直径 DN（mm）	最短试压持续时间(s)		
	严密性试验		强度试验
	金属密封	非金属密封	
≤50	15	15	15
65～200	30	15	60
250～450	60	30	180

（5）试压不合格的阀门应经研磨修理，重新试压，合格后方可安装使用。试验合格的阀门，应及时排除内部积水，密封面应涂防锈油，关闭阀门，并将两端暂时封闭。

9.3.2 安装要求

（1）阀门在安装、搬运过程中，不允许随手抛掷，以免无故损坏，也不得转动手轮，安装前应将阀壳内部清扫干净。

（2）阀杆的安装位置除设计注明外，一般应以便于操作和维修为准。水平管道上的阀门，其阀杆一般安装在上半周范围内。

（3）阀门安装前，先将管道内部杂物清除干净，以防止铁屑、砂粒等污物刮伤阀门的密封面。

（4）较重的阀门吊装时，绝不允许将钢丝绳拴在阀杆手轮及其他传动杆件和塞件上，而应拴在阀体的法兰处。

（5）在焊接法兰时，应注意与阀门配合，应检查法兰与阀门的螺孔位置是否一致。焊接时要把法兰的螺孔与阀门的螺孔先对好，然后焊接。安装时应保证两法兰端面相互平行和同心，不得与阀门连接的法兰强力对正。拧紧螺栓时，应对称或十字交叉地进行。

（6）安装截止阀、蝶阀和止回阀时，应注意水流方向与阀体上的箭头方向一致。

（7）安装螺纹连接的阀门时，应保证螺纹完整无缺。拧紧时，必须用扳手咬牢要拧入管段一端的六角体，以确保阀体不被损坏。填料（麻丝、铅油等）应缠涂在管螺纹上，不得缠涂在阀体的螺纹上，以防填料进入阀内引起事故。

9.3.3 螺纹阀门安装

螺纹阀门有内螺纹连接和外螺纹连接两种。

内螺纹阀门的安装方法：把选配好的螺纹短管卡在台钳上，往螺纹上抹一层铅油，顺着螺纹方向缠麻丝（当螺纹沿旋紧方向转动时，麻丝越缠越紧），缠 4～5 圈麻即可。手拿阀门往螺纹短管上拧 2～3 个螺纹，当用手拧不动时，再用管钳子上紧。使用管钳子上阀门要注意管钳子和阀件的规格相适应。使用管钳子操作时，一手握钳子把，一手按在钳头上，让管钳子后部牙口吃劲，使钳口咬牢管道不致打滑。扳转钳把时要用劲平稳，不能贸然用力，以防钳口打滑扳空而伤人。阀门和螺纹短管上好之后，用锯条剔去留在螺纹外面的多余麻丝，用抹布擦去铅油。

外螺纹阀门的连接方法与内螺纹阀门连接方法基本相同，所不同的是铅油和麻丝缠在阀门的外螺纹上，然后与内螺纹短管连接。

9.3.4 法兰阀门安装

（1）制作法兰垫片：按设计要求的材质选料，划垫，用剪刀剪垫。把剪好的垫先放在机油中浸泡后拿出晾干待用。注意垫内径不得大于管道内径，外径不得妨碍上螺栓。

（2）安装前应对法兰密封面及密封垫片进行外观检查，法兰密封面应表面光洁，法兰螺纹完整、无损伤。

（3）法兰端面应保持平行，偏差不大于法兰外径的 1.5%，且不得大于 2mm。不得采用加偏垫、多层垫或加强力拧紧法兰一侧螺栓的方法，消除法兰接口端面的缝隙。

（4）垫片的材质和涂料应符合设计要求，当大口径垫片需要拼接时，应采用斜口拼接或迷宫形式的对接，不得直缝对接。垫片尺寸应与法兰密封面相等。

（5）严禁采用先加垫片并拧紧法兰螺栓，再焊接法兰焊口的方法进行法兰焊接。

（6）螺栓应涂防锈油脂保护。

（7）法兰连接应使用同一规格的螺栓，安装方向应一致，紧固螺栓时应对称、均匀地进行，松紧适度。紧固后螺纹外露长度应为 2～3 倍螺距，需要用垫圈调整时，每个螺栓应采用一个垫圈。

（8）法兰内侧应进行封底焊。

（9）软垫片的周边应整齐，垫片尺寸应与法兰密封面相符。

（10）预制法兰短管：把和阀门连接的法兰焊在下好料的同径短管上，预制成法兰短管，和法兰阀门组装成一体。焊接时，法兰端面要和管道的轴线垂直。在焊接时要不断地用法兰靠尺或直角尺检查找正。

（11）组对阀门：把预制好的法兰短管与阀门组对一起。先对好孔，把法兰下部的螺栓带上，把双面抹好填料的法兰垫片装入两法兰内，注意位置要合适。再把上半部螺栓带上，对称地拧紧螺栓。在紧固过程中，不断观察法兰各方向的缝隙保持均匀一致。使各条螺栓受力均匀，保证法兰面接触严密。

（12）阀门就位：把组对好的法兰阀门，按设计要求的安装位置，摆正手轮的方向。法兰阀门两侧的法兰短管另一端与系统管线连接。

9.4 常用管道附件安装

9.4.1 补偿器安装

当利用管道中的弯曲部件不能吸收管道因热膨胀所产生的变形时，在直管道上每隔一定距离应设置补偿器。补偿的方法是：用固定支架将直管路按所选补偿器的补偿能力分成若干段，每段管道中设置补偿器，以吸收热伸缩，减小热应力。

1. 方形补偿器

方形补偿器由管道加工而成，加工的方法通常采用煨制。尺寸较小的方形补偿器可用一根管煨成，大尺寸的可用两根或三根管道煨制后焊成。在补偿器作用时，其顶部受力最大，因而要求顶部用一根管道煨成，顶部不得有焊接口存在。补偿器组对时，应选择在平地上连接。连接点应设在受力较小的垂直臂的中部位置。组对时要求尺寸正确，四个弯曲角要在一个平面上。弯曲角必须是 90°，否则会在安装时不易组对，影响使用效果，严重时在运行后会造成横向位移，使支架偏心受力，甚至发生管道脱离支架。

补偿器安装在管道中，应将两臂拉伸其补偿量的一半长度，允许偏差±10mm，这样可充分利用其补偿能力，如图 9-1 所示。方形补偿器垂直安装时，应加装排气及流水装置。

拉伸前，先将两端的固定支架焊牢，补偿器两端的直管与连接管道的末端之间应预留一定间隙，其间隙值应等于设计补偿量的 1/4（焊缝间隙未包括在内）。补偿器拉伸一般有三种方法：

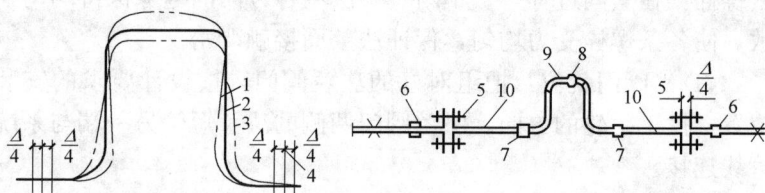

图 9-1　补偿器安装（拉管器冷拉）
1—安装状态；2—自由状态；3—工作状态；4—总补偿量；5—拉管器；
6、7—活动管托；8—活动管托或弹簧吊架；9—方形补偿器；10—附加直管

一是采用拉管器进行冷拉，将拉管器的法兰管卡，紧紧卡在被预拉焊口的两端。穿在两个法兰管卡之间的几个双头长螺栓，作为调整及拉紧用。将预拉间隙对好并用短角钢在管口处贴焊，但只能焊在管道的一端，另一端用角钢卡住即可，然后拧紧螺栓使间隙靠拢，将焊口焊好后才可松开螺栓，取下拉管器，再进行另一侧的预拉伸，也可两侧同时冷拉。

二是将方型补偿器两端的固定支架焊好，一侧的管道与补偿器焊好。另一侧，留出设计补偿量的一半的预拉间隙，在接口处安装卡箍，两侧再用钢丝绳绑牢，中间绑倒链，拉动倒链，使两管端口逐渐合拢，到焊接间隙适合后，进行焊接。

三是采用千斤顶顶撑拉伸，将千斤顶横放置于补偿器的两臂间，加好支撑及垫块，然后启动千斤顶，使预拉焊口靠拢至要求的间隙。焊口找正，焊接完毕后方可撤除千斤顶。

2. 套管补偿器

套筒补偿器（也称填料式补偿器）通常用在管径大于100mm，且工作压力小于1.568MPa（钢制）及1.274MPa（铸铁制）的管道中。套管补偿器分单向和双向补偿器两种。单向补偿器应安装在固定支架旁边的平直管道线上，双向补偿器应安装在两固定支架中间。

安装前应将补偿器拆开，检查内部零件及填料是否齐备，质量是否符合要求。安装管道时应留出补偿器的安装位置，在管道

218

两端各焊一片法兰盘，焊接时要求法兰垂直于管道中心线，法兰与补偿器表面相互平行，加垫后衬垫应受力均匀。安装时可在靠近补偿器两侧各设置一个导向支架（导向支架可参照弧形板滑动支架形式进行制作），以免管道运行时偏离中心位置。

套筒补偿器在安装时，也应进行预拉，其预拉后的安装长度，应根据管段受热后的最大伸缩量来确定。同时还应考虑到管道低于安装温度下运行的可能性，其导管支撑环和外壳支撑环之间，应留有一定间隙。

3. 波纹补偿器安装

（1）波纹补偿器的波节数量可根据需要确定，一般为 1～4 个，每个波节的补偿能力由设计确定，一般为 20mm。

（2）安装前应了解补偿器出厂前是否已做预拉伸，如未进行应补做。在固定的卡架上，将补偿器的一端用螺栓紧固，另一端可用倒链卡住法兰，然后慢慢按预拉长度进行冷拉，冷拉时要使补偿器四周受力均匀，拉出规定长度后用支架把补偿器固定好。将拉好的补偿器与管道连接。

（3）补偿器安装前管道两侧应先安装固定卡架，安装管道时应留出补偿器的安装位置，在管道两端各焊一片法兰盘，焊接时要求法兰垂直于管道中心线，法兰与补偿器表面相互平行，加垫后衬垫应受力均匀。

（4）补偿器安装时，卡架不得吊在波节上。试压时不得超压，不允许侧向受力，将其固定牢固。

（5）波形补偿器如需加大壁厚，内套筒的一端与波形补偿器的壁焊接。安装时应注意使介质的流向从焊端流向自由端，并与管道的坡度方向一致。

（6）在管段两个固定管架之间，不要安装一个以上的轴向型补偿器。固定管架和导向管架的分布，应符合如下要求：

1）第一导向管架与补偿器端部的距离不超过 4 倍管径。

2）第二导向架与第一导向架的距离不超过 4 倍管径。

3）第二导向管架以外的最大导向间距由设计确定。

4. 焊制套筒补偿器安装

（1）焊制套筒补偿器应与管道保持同轴。

（2）焊制套筒补偿器芯管外露长度应大于设计规定的伸缩长度，芯管端部与套管内挡圈之间的距离应大于管道冷收缩量。

（3）采用成型填料圈密封的焊制套筒补偿器，填料的品种及规格应符合设计规定，填料圈的接口应做成与填料箱圆柱轴线成45°的斜面，填料应逐圈装入，逐圈压紧，各圈接口应相互错开。

（4）采用非成型填料的补偿器，填注密封填料时应按规定压力依次均匀施压。

5. 直埋补偿器的安装

回填后固定端应可靠锚固，活动端应能自由活动。

带有预警系统的直埋管道中，在安装补偿器处，预警系统连线应做相应的处理。

6. 一次性补偿器的安装

一次性补偿的预热方式视施工条件可采用电加热或其他热媒预热管道，预热升温温度应达到设计的指定温度。

预热到要求温度后，应与一次性补偿器的活动端缝焊接，焊缝外观不得有缺陷。

7. 球形补偿器的安装

与球形补偿器相连接的两垂直臂的倾斜角度应符合设计要求，外伸部分应与管道坡度保持一致。

试运行期间，应在工作压力和工作温度下进行观察，应转动灵活，密封良好。

9.4.2 减压板（节流板、孔板）安装

减压板是用不锈钢板制成的，中间带有锥度的圆孔，锥度和钝边都有严格的规定；加工时要保证要求的精度；厚度为 2～3mm；减压板的孔径最小不应小于 3mm。减压板的安装要求如下：

（1）安装方向，锥形部分应在管道的下游方向。

（2）减压板须装在较长的直管线上。其前面的长度不小于10倍管径；后面的长度不小于5倍管径。在孔板前后2倍管径范围内，不得有高出的垫料、堆积的焊瘤和管内壁显著粗糙现象。

（3）减压板的流通孔应与管道同心，端面应与管道垂直，不得有偏心，偏斜现象。

9.4.3　疏水器安装

疏水器的作用是自动排泄系统中不断产生的凝结水，同时阻止蒸汽排出。疏水器按压力分为高压和低压两种；按其结构形式一般可分为浮球式、钟形浮子式、浮桶式、脉冲式（图9-2）、热动力式、热膨胀式等。

（1）安装应按设计设置旁通管、冲洗管、检查管、止回阀和除污器等的位置。用汽设备应分别安装疏水器，几个用汽设备不能合用一个疏水器。检查管、冲洗管应接至排水沟。

（2）疏水器的进出口位置要保持水平，不可倾斜安装。疏水器阀体上的箭头应与凝结水的流向一致，疏水器的排水管管径不能小于进口管径。

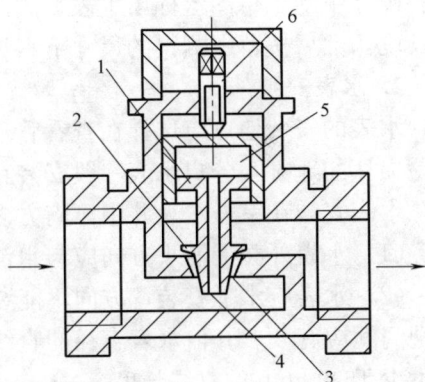

图9-2　脉冲式疏水器
1—活塞；2—阀瓣；3—主泄水孔；4—副泄水孔；5—控制室；6—调节杆

（3）在检修疏水器时，可暂时通过旁通管运行。

（4）螺纹连接的疏水器及旁通阀后，均应安装活接头。$DN32$ 以下，公称压力 0.3MPa 以下，以及 $DN40\sim DN50$，公称压力 0.2MPa 以下，可采用螺纹连接。

9.5 水表、水位表、压力表和温度计(表)安装

9.5.1 水表安装

1. 安装准备

(1)检查安装使用的水表型号、规格是否符合设计要求,表壳铸造规矩,无砂眼、裂纹,表玻璃盖无损坏,铅封完整,并具有产品出厂合格证及法定单位检测证明文件。

(2)复核已预留的水表连接管段口径、表位、管件及标高等,均应符合设计和安装要求。

(3)在施工草图上标出水表、阀门等位置及水表前后直线管段长度,然后按草图测得的尺寸下料编号、配管连接。

2. 水表安装

水表的安装地点应选择在查看管理方便、不受冻不受污染和不易损坏的地方,分户水表一般安装在室内给水横管上,住宅建筑总水表安装在室外水表井中,南方多雨地区亦可在地上安装。

(1)水表外壳上箭头方向应与水流方向一致。

(2)水表应水平安装,方向不能装反,螺翼式水表与其前面的阀门间应有8~10倍水表直径的直线管段,其他水表的前后应有不少于300mm的直线长度。

(3)对于生活、生产、消防合一的给水系统,如只有一条引入管时,应绕水表安装旁通管。水表前后和旁通管上均应装设检修阀门,水表与水表后阀门间应装设泄水装置。住宅中的分户水表,其表后检修阀门及专用泄水装置可以不设。

(4)水表支管除表前后需有直线管段外,其他超出部分管段应进行适当煨弯,使管段沿墙敷设,支管长度大于1.2m时应设管卡固定。

(5)组装水表连接处的连接件为铜质零件时,应对钳口加防护软垫或用布包扎,以防损伤铜件。

（6）给水管道进行单元或系统试压和冲洗时，应将水表卸下，待试压、冲洗完成后再行复位。

（7）水表安装未正式使用前不得启封，以防损伤表罩玻璃。

9.5.2　锅炉水位表安装

（1）每台锅炉至少应装两个彼此独立的水位表。但符合下列条件之一的锅炉可只装一个直读式水位表：

1）额定蒸发量小于或等于 0.5t/h 的锅炉。

2）电加热锅炉。

3）额定蒸发量小于或等于 2t/h，且装有一套可靠的水位示控装置的锅炉。

4）装有两套各自独立的远程水位显示装置的锅炉。

（2）水位表安装前应检查旋塞转动是否灵活，填料是否符合使用要求，不符合要求时应更换填料。水位表的玻璃管或玻璃板应干净透明。

（3）水位表在安装时，应使水位表的两个表口保持垂直和同轴，玻璃管不得损坏，填料要均匀，接头应严密。

（4）水位表应装有放水旋塞（或阀门）和接到安全地点的放水管。

（5）当锅炉装有水位报警器时，报警器的泄水管可与水位表的泄水管连接在一起，但报警器泄水管上应单独安装一个截止阀，不允许在合用管段上仅装一个阀门。

（6）水位表安装好后应划出最高、最低水位的明显标识。水位表的下部可见边缘应比最高边界至少高 50mm 且应比最低安全水位至少低 25mm，水位表的上部可见边缘应比最高安全水位至少高 25mm。

（7）采用玻璃管水位表时应装有防护罩，防止损坏伤人。

（8）电接点式水位表的零点应与锅炉正常水位重合。

（9）采用双色水位表时，每台锅炉只能装设一个，另一个装设普通水位表。

9.5.3 压力表安装

1. 弹簧管压力表安装

（1）工作压力小于 2.5MPa 的锅炉，压力表精度不应低于 2.5 级。

（2）出厂时间超过半年的压力表，应经计量部门重新校验检定，合格后进行安装。

（3）表盘刻度极限值为工作压力的 1.5～3 倍（宜选用 2 倍工作压力），锅炉本体的压力表公称直径应不小于 100mm，表体位置端正，便于观察和吹洗，防止受到高温、冰冻和振动的影响。

（4）压力表必须设有存水弯管。存水弯管采用钢管煨制时，内径不应小于 10mm；采用铜管煨制时，内径不应小于 6mm。压力表与存水弯之间应装有三通旋塞。

（5）压力表应垂直安装，垫片制作要规范，垫片表面应涂机油石墨，丝扣部分涂白铅油，连接要严密。安装完后在表盘上或表壳上划出明显的标识，标出工作压力。

2. 电接点压力表

安装同弹簧式压力表，还要注意以下几点：

（1）报警：把上限指针定位在最高工作压力刻度位置，当活动指针随着压力增高与上限指针接触时，与电铃接通进行报警。

（2）自控停机：把上限指针定在最高工作压力刻度上，把下限指针定在最低工作压力刻度上，当压力增高使活动指针与上限指针相接触时可自动停机。停机后压力逐渐下降，降到活动指针与下限指针接触时能自动起动使锅炉继续运行。

（3）应定期进行试验，检查其灵敏度，有问题应及时处理。

9.5.4 温度计（表）安装

（1）安装在管道和设备上的套管温度计，底部应插入流动介质内，不得装在引出的管段上或死角处。

（2）内标式温度表安装：温度表的丝扣部分应涂白铅油，密封垫应涂机油石墨，温度表的标尺应朝向便于观察的方向。底部应加入适量导热性能好，不易挥发的液体或机油。

（3）压力式温度计安装：温度表的丝接部分应涂白铅油，密封垫涂机油石墨，温度表的感温器端部应装在管道中心，温度表的毛细管应固定好，并有保护措施，其转弯处的弯曲半径不应小于50mm，温包必须全部浸入介质内。多余部分应盘好固定在安全处。温度表的表盘应安装在便于观察的位置。安装完后应在表盘上或表壳上划出最高运行温度的标志。

（4）压力式电接点温度表的安装：与压力式温度表安装相同。报警和自控同电接点压力表的安装。

（5）热电偶温度计的保护套管应保证规定的插入深度。

（6）温度计与压力表在同一管道上安装时，按介质流动方向温度计应在压力表下游处安装，如温度计需在压力表的上游安装时，其间距不应小于300mm。

10 管道试压、冲洗与防腐

10.1 管道试压、冲洗、消毒

10.1.1 管道的试验项目

各种管道的试验项目应符合设计要求，设计无明确规定时，可参见表 10-1 的规定。

管道的试验项目 表 10-1

项次	项目名称		试验内容
1	生活给水		水压试验、冲洗、消毒
2	生产给水、消防给水管		水压试验、冲洗
3	喷淋管		水压试验、冲洗
4	生活污、废水	隐蔽管	灌水试验
		主立管	通球试验
		水平干管	通球试验
		卫生器具	满水和通水试验
5	雨水管		灌水试验
6	热水管		水压试验、冲洗
7	热水采暖管		
8	蒸汽采暖管		
9	低压燃气管		气压试验
10	建筑中水系统		水压试验、冲洗
11	空调冷水		水压试验、冲洗
12	室内消防灭火系统		气压、水压试验

10.1.2 管道试压

1. 试压准备

（1）对管道系统坐标、标高、坡度、管基或垫层、管件、阀门、支架及管道接口作一次检查，应符合设计要求和施工验收规范的规定。

（2）根据全系统试压或分系统试压的实际情况，检查系统上各类阀门的开、关状态，不得漏检。

试压管道阀门全部打开，试验管段与非试验管段连接处应予以隔断。

（3）阻碍水流流通的止回阀、减压阀、调节阀及可能被损坏的温度计等仪表，应从管道上拆下来，装上临时短管或堵头。

（4）所有敞口，除考虑系统排气和泄水需要的管口安装临时排气用阀门或泄水阀外，均应安装堵头。

（5）系统集结空气处，无排气管口的，应开设临时排气管口，安装排气阀。系统集结存水处，无泄水管口的，应开设临时泄水管口，安装泄水阀或丝堵。

（6）管道系统中连接的不需作压力试验的设备，应在连接管口处加隔离板。

（7）压力试验前，焊接口应经检验合格。管道接口处，均不得进行防腐和保温。

（8）试压用的压力表必须经过校验，精度不低于1.5级，表的刻度值应为试验压力的1.5～2倍，试压泵处和系统最高处各设1只。

（9）试压泵宜放在管道系统低点。

（10）水压试验不得在气温低于5℃时进行，否则应有可靠的升温防冻措施。

2. 试验压力、检验标准和操作要求

各类型系统管道强度和严密性试验压力及检验标准可参照

《建筑给水排水及采暖工程施工质量验收规范》GB 50242 的相关规定。

各类型系统管道强度和严密性试验具体要求参见以上各章相关内容。

3. 注意事项

（1）为确保系统内充满水，应开启系统内所有排气阀排气，每个排气阀出水后方可关闭。

（2）管道系统充满水后，可关闭进水阀，然后启动试压泵，缓慢升压。

（3）管道系统注水时，应在系统最高处设置排气阀门，待阀门出水时关闭阀门，试压时，当表压达到工作压力时，应对管道进行外观检查，查看是否有渗漏。如有渗漏应做好位置记录，停止下道工序，把管内的水排净进行修复（不得带压维修）。

（4）管道修复后应再次注水、试压，试压时，打泵机升压速度应均匀，当表压达到工作压力时，应缓慢升压，表压升至规定压力。

（5）高层建筑中，管路很长，可按照设计规定作分段水压试验；管道位差较大时，可做分层水压试验。分层、分段区域的划分可根据现场情况确定。

10.1.3 灌水试验

隐蔽或埋地的排水管道在隐蔽前必须做灌水试验，灌水高度为不应低于底层卫生器具的上边缘或底层地面高度。被隐蔽的雨水管道在全系统未接通前，应作灌水试验。全系统接通后，应作灌水试验，灌水高度必须到每根立管最上部的雨水斗。

（1）将被试验的管段起点及终点检查井（又称上游井及下游井）的管段两端用钢制堵板堵好。

（2）在上游井的管沟边设置一试验水箱，要求试验水位高度应高出上游井管顶 1m。

（3）将进水管接至堵板的下侧，下游管井内管段的堵板下侧应设泄水管，并挖好排水沟，并从水箱向管内充水，管道充满水后，一般应浸泡 1～2 昼夜再进行试验。

（4）量好水位，观察管口接头处是否严密不漏，如发现漏水应及时返修。做灌水试验，观察时间不应少于 30min。

（5）灌水试验完毕应及时将水排出。

10.1.4 通球试验

安装完毕，可对立管、横干管进行通球试验，排出管口处应有一定的跌落差（排出的水应控制流向）。

球可以从立管顶部或立管检查口放入（球径为管内径的 2/3），从顶层支管用水管或水桶往管内注入一定量的水，球从排出管顺利流出为合格。

通球过程如有堵塞，应查明位置进行疏通，并重新作通球试验，直至球能顺利随水流出为合格。

10.1.5 满水和通水试验

卫生器具交工前应做满水和通水试验，以检查其使用效果。卫生设备满水试验的满水量应符合设计规定，设计无规定时，可参见表 10-2 的规定。

卫生设备满水试验的满水量标准 表 10-2

卫生设备名称	满水量	卫生设备名称	满水量
大便槽	1/2 槽深	瓷面盆	至溢水口
小便槽	1/2 槽深	瓷洗涤盆	至溢水口
倒水池（低池）	放满	浴缸	1/3 深
倒水池（高池）	1/3 池深	盥洗池	放满
水盘	2/3 池深	蹲式马桶	放满
拖布盆	2/3 盆深	马桶水箱	浮球控制水位

（1）检查卫生器具的外观，如果被污染或损伤，应清理干净或重新安装，达到要求为止。

（2）卫生器具的满水试验可结合排水管道满水试验一同进行，也可单独将卫生器具的排水口堵住，盛满水进行检查，各连接件不渗不漏为合格。

（3）给卫生器具放水，检查水位超过溢流孔时，水流能否顺利溢出；当打开排水口，排水应该迅速排出。关闭水龙头后应能立即关住水流，水龙头四周不得有水渗出。否则应拆下修理后再重新试验。

（4）检查冲洗器具时，先检查水箱浮球装置的灵敏度和可靠程度，应经多次试验无误后方可。检查冲洗阀冲洗水量是否合适，如果不合适，应调节螺钉位置达到要求为止。连体坐便水箱内的浮球容易脱落，造成关闭不严而长流水，调试时应缠好填料将浮球拧紧。冲洗阀内的虹吸小孔容易堵塞，从而造成冲洗后无法关闭，遇此情况，应拆下来进行清洗，达到合格为止。

（5）地漏应在地面泼水试验，查看地漏排水情况和地面有无积水（排出的水应控制流向，有条件时可考虑二次回用）。

（6）通水试验给、排水畅通为合格。

10.1.6　管道系统冲洗

1. 水冲洗

介质为水的管道系统，在竣工验收前应用清洁水冲洗管道，将管道内脏污杂物冲洗干净，目测排出口无杂物且水色透明清澈为冲洗合格。各种类型管道冲洗的要求和操作，参见以上各章的相关内容。

2. 蒸汽吹洗

介质为蒸汽的管道系统，应用蒸汽吹洗，吹洗前编制吹洗方案，报监理、业主审批。

管道蒸汽冲洗的要求和操作，参见以上各章的相关内容。

10.1.7　管道系统消毒

（1）给水管道在竣工后，必须对管道进行冲洗，饮用水管道还要在冲洗后进行消毒，满足饮用水卫生要求。并经有关部门取样检验，符合国家《生活饮用水标准》方可使用。

（2）冲洗消毒前，应将管道中已经安装好的水表拆下，以短管代替，使管道接通，并把需冲洗消毒管道与其他正常供水干线或支线断开。消毒前，先用高速水流冲洗水管，在管道末端选择几点将冲洗水排出。当冲洗到所排出的水内不含杂质时，即可进行消毒处理。

（3）进行消毒处理时，先将消毒段所需的漂白粉放入水桶中，加水搅拌使之溶解（氯离子含量不低于 20mg/L），然后随同管内充水一起加入到管段，浸泡 24h。然后放水冲洗。

（4）新安装的给水管道消毒时，每 100m 管道用水及漂白粉用量可按表 10-3 所列规定选用。

每 100m 管道消毒用水量及漂白粉量　　　表 10-3

管径 DN（mm）	15～50	75	100	150	200	250
用水量（m³）	0.8～5	6	8	14	22	32
漂白粉用量（kg）	0.09	0.11	0.14	0.14	0.38	0.55
管径 DN（mm）	300	350	400	450	500	600
用水量（m³）	42	56	75	93	116	168
漂白粉用量（kg）	0.93	0.97	1.3	1.61	2.02	2.9

（5）管道消毒后，再灌清水冲洗干净，经有关部门检验合格后，方可交付使用。

10.2　金属管道的涂漆施工

10.2.1　金属管道防腐要求

（1）建筑排水用焊接钢管和无缝钢管内外均应做热浸镀锌防腐，或根据需要做涂塑防腐处理，不得使用冷镀锌钢管。热镀锌时，管壁内外镀锌层应均匀、无漏镀、无飞刺。

当采用焊接或法兰连接时，防腐层被破坏部分，应二次热浸镀锌或用其他能确保防腐性能的方法做好防腐处理；当采用螺纹连接时，安装后应及时做好外露丝扣、切口断面和被破坏部位的防腐。埋地钢管的防腐应按设计要求进行。

（2）建筑排水不锈钢管不得浇筑在混凝土内；当必需暗埋敷设时，应采取防腐措施。当不锈钢管与其他金属管材相连接时，应采取防止电化学腐蚀的措施。

（3）柔性接口排水铸铁管及管件内外应喷（刷）沥青漆或防腐漆，并应符合现行国家标准《排水用柔性接口铸铁管、管件及附件》GB/T 12772 的有关规定。

（4）K 型接口球墨铸铁管应内衬水泥砂浆，外喷（刷）沥青漆或防腐漆，并应符合现行国家标准的有关规定。

（5）管道的防腐层应附着良好，应无脱皮、起泡和漏涂，黏膜应厚度均匀、色泽一致、无流坠及污染现象。

（6）管件、附件（如法兰压盖等）等应与直管做同样防腐处理。螺栓应采用热镀锌防腐，并应在安装完毕、拧紧螺栓后，对外露螺栓部分及时涂刷防腐漆。有条件时，可采用耐腐蚀性强的球墨铸铁螺栓。

10.2.2　调配涂料

根据设计要求按不同管道、不同介质、不同用途及不同材质选择油漆涂料。

将选好的油漆桶开盖，根据原装油漆稀稠程度加入适量稀释剂。油漆的调和程度要考虑涂刷方法，调和至适合手工涂刷或喷涂的稠度。喷涂时，稀释剂和油漆的比可为 1：1～1：2。用棍棒搅拌均匀，可以刷，不流淌，不出刷纹为准，即可准备涂刷。

10.2.3　油漆涂刷

涂刷时应先涂刷管道背面，用小镜检查是否有漏刷，然后再涂刷外表面。涂刷时应在地面设保护措施（以免污染地面），靠近阀门处应使用小刷子,以防交叉污染。油漆施工不应在雨天、雾天、露天和0℃以下环境施工。

(1) 手工涂刷:用油刷、小桶进行。每次油刷沾油漆要适量,不要弄到桶外污染环境。手工涂刷要自上而下、从左到右、先里后外、先斜后直、先难后易、纵横交错地进行。漆层厚薄均匀一致,不得漏刷和漏挂。多遍涂刷时每遍不宜过厚。必须在上一遍涂膜干燥后才可涂刷第二遍。

(2) 浸涂:用于形状复杂的物件防腐。把调和好的漆倒入容器或槽里,然后将物件浸在涂料液中,浸涂均匀后抬出涂件,搁置在干净的排架上,待第一遍干后,再浸涂第二遍。

(3) 喷涂法:常用的有压缩空气喷涂、静电喷涂、高压喷涂。

参 考 文 献

[1] 建筑施工手册（第五版）编写组．建筑施工手册（第5版）[M]．北京：中国建筑工业出版社，2012．

[2] 毛龙泉，沈北安，陆金方，张以建．建筑工程施工质量检查与验收手册 [M]．北京：中国建筑工业出版社，2002．

[3] 蓝天．管道设备施工技术手册 [M]．北京：中国建筑工业出版社，2010．

[4] 秦树和．管道工程识图与施工技术 [M]．重庆：重庆大学出版社，2002．

[5] 陈尧启，陈煜．建筑工程施工指南 [M]．上海：同济大学出版社，1994．

[6] 樊建军，梅胜，何芳．建筑给水排水及消防工程 [M]．北京：中国建筑工业出版社，2009．

[7] 上海市建筑业联合会、工程建设监督委员会．建筑工程质量控制与验收 [M]．北京：中国建筑工业出版社，2002．

[8] 胡忆沩．实用管工手册 [M]．北京：化学工业出版社，2000．

[9] 尹桦．管工基本技术（修订版）[M]．北京：金盾出版社，2001．

[10] 李公藩．塑料管道施工 [M]．北京：中国建材出版社，2001．

[11] 邓曾椽，郑道才．水暖安装技术手册 [M]．郑州：河南科学技术出版社，2001．

[12] 赵基兴．建筑给排水实用新技术 [M]．上海：同济大学出版社，2000．